GUIDELINES FOR WRITING A MASTER'S THESIS IN MANAGEMENT

with a Focus on Data Analysis

管理类专业学位硕士
数据分析类
论文写作指导

高秋明 著

U0299017

东北财经大学出版社　大连

Dongbei University of Finance & Economics Press

图书在版编目（CIP）数据

管理类专业学位硕士数据分析类论文写作指导 / 高秋明著. —大连：东北财经大学出版社，2024.8
ISBN 978-7-5654-5374-8

Ⅰ. TP274；G643.8

中国国家版本馆 CIP 数据核字第 20247ER779 号

东北财经大学出版社出版发行

　大连市黑石礁尖山街 217 号　　邮政编码　116025

　网　　　址：http://www.dufep.cn

　读者信箱：dufep@dufe.edu.cn

大连图腾彩色印刷有限公司印刷

幅面尺寸：170mm×240mm　　字数：148 千字　　印张：11.75
2024 年 8 月第 1 版　　　　　2024 年 8 月第 1 次印刷
责任编辑：刘　佳　　　　　　责任校对：赵　楠
封面设计：原　皓　　　　　　版式设计：原　皓
定价：49.00 元

教学支持　售后服务　　联系电话：（0411）84710309
版权所有　侵权必究　　举报电话：（0411）84710523
如有印装质量问题，请联系营销部：（0411）84710711

本书受到中国政法大学青年教师学术创新团队支持计划资助

前　言

近年来，我国研究生培养领域的一个重要转变是专业学位规模的扩大。据教育部统计，专业学位授予人数占比已由 2012 年的 32.29% 增至 2022 年的 56.4%，并计划在 2025 年达到 2/3 左右。2025 年 1 月即将施行的《中华人民共和国学位法》（《学位法》），进一步从法律层面，将原先单一的学术学位明确为专业学位和学术学位两类，并针对专业学位提出了有别于学术学位的要求。这就为探讨专门的专业学位培养模式指明了方向。本书就是在新《学位法》出台的背景下，以管理类专业学位硕士培养为目标，总结并探讨管理类专业学位硕士论文的写作和指导方案。

本书以数据分析类论文作为主要讨论对象。数据分析是专业学位论文中经常采用的一种研究方法。与学术学位论文中将数据分析视为支撑理论的工具不同，专业学位论文对数据分析的重视源于现实需要。2019 年 10 月，党的十九届四中全会将"数据"列为生产要素；2024 年 1 月，习近平总书记在中共中央政治局第十一次集体学习时强调，加快发展新质生产力，扎实推进高质量发展。数据要素作为发展新质生产力的关键基础，围绕数据资源进行发掘研究，日益成为企业和公共机构指导决策的主要方式。这也助推了以数据分析作为主体内容的专业学位论文发展。由于使用目的不同，专业学位论文的数据分析相比学术学位论文更具实践导向，加之学生的学术基础与学术学位不同，因此其写作应当在遵循学术规范的基础上，更具有应用性。这也是本书力图呈现的重点。

本书紧密围绕管理类专业学位硕士论文的特定要求，对相关写作规则进行系统总结。本书的主要内容包括：

第一部分，基本介绍，介绍管理类专业学位硕士论文的基本概况，以及数据分析类论文的结构。具体包括第1章～第2章。

第二部分，论文写作，依照论文结构分为选题、绪论、文献综述和理论基础、现状和背景介绍、数据分析、其他辅助分析法、问题描述和解决、结论和摘要等部分，详细介绍其写作方法和常见问题。具体包括第3章～第10章。

第三部分，论文流程环节，介绍开题、正文撰写、论文答辩等各环节的任务准备和注意事项。具体包括第11章～第13章。

本书的特色有两点：一是在内容组织上，从论文写作和流程环节两个维度，对论文全过程展开交叉解析，对数据分析类论文各项相关内容进行系统阐述。二是在内容安排上，每个内容点都包含规范要求、实际做法、常见问题等多方面归纳，覆盖论文写作的全链条。

本书的内容包含大量实例资料，这些资料主要来自作者和所指导、教学的历届研究生的交流讨论。在此也感谢历届学生的支持。感谢张嘉娣同学为本书写作所提供的辅助工作。

最后，囿于作者知识能力，书中的疏漏和不足之处在所难免，敬请广大读者批评指正。

高秋明

2024年6月

目　录

第一部分：基本介绍

第1章

管理类专业学位硕士论文概述

1.1 管理类专业学位硕士论文的基本要求

学位论文的写作需要遵循一定规范。明确这一规范的指导性文件是中华人民共和国国家标准《学位论文编写规则》（GB/T 7713.1-2006）[①]。但该规则只是推荐性的，并非强制执行。实际中，由于论文构成在学士、硕士、博士等各层级之间，以及不同专业之间，差异较大，因此论文实际遵循的写作规范主要由各学校或者相关专业学位教育指导委员会制定。这些要求阐明了达到学位论文标准所需具备的基本条件，尽管要求的细则不一，但管理类专业学位硕士论文都需要遵循以下三个方面：

第一，选题。对于专业学位硕士论文[②]，要求研究一个实际应用问题。专业学位硕士论文具有鲜明的微观取向，论文往往围绕某个具体企业或机构展开。这与学术学位硕士论文显著不同。

第二，研究过程。一方面，专业学位硕士论文所展现的研究过程应符合学术研究的基本规程。这包括论文应有理论基础，将课堂理论与实

[①] 中华人民共和国国家质量监督检验检疫总局，中国国家标准化管理委员会.中华人民共和国国家标准：学位论文编写规则 GB/T 7713.1-2006 ［S］.北京：中国标准出版社，2006.
[②] 本书的专业学位硕士和专业学位硕士论文没有特殊说明即指管理类专业学位硕士和管理类专业学位硕士论文。

际相联系；论文的论证应有清晰的论证条理，展现提出问题、分析问题、解决问题的逻辑结构；专业学位硕士论文对研究方法的使用应当系统完整，体现研究过程的规范性。另一方面，上述研究过程中需要体现出硕士层级的研究深度，从而与学士学位论文相区别。

第三，写作规范。专业学位硕士论文应遵循学术文体的写作规范，包括结构、语言、格式等，从而与其他文体相区别。

附件 1-1 以 MBA 专业为例，提供了 MBA 教育指导委员会对于该专业学位论文的要求。

附件 1-1　MBA 教指委对于 MBA 学位论文的要求

◇ MBA 学位论文的定位

MBA 学位论文的撰写，是培养学生综合能力的关键路径，是学生综合利用自身所学的各类管理领域专业知识，解决企业实践中遇到的业务与管理实际问题的一次学习与实践，是 MBA 教育中的一个重要组成部分。通过 MBA 学位论文的撰写，可以提高学生发现问题、分析问题和解决问题的综合能力。

MBA 学位论文的定位：它是一种应用研究型的学位论文，与科学学位的学术型硕士学位论文存在非常大的差异。MBA 学位论文不要求理论方面的贡献，而要求学生立足现实的管理实践，针对特定企业或组织切实存在的管理问题或最佳实践，恰当运用现有的理论框架和分析工具对问题进行系统性的分析，并在此基础上提出具有可操作性的管理问题解决方案。MBA 学位论文必须从管理的现实中发现问题、提出问题，并运用所学管理知识提出解决问题的方案。

◇ MBA 学位论文的选题要求

论文选题一般应来源于目标企业（或组织）的管理实际，所选主题能够反映企业最新的管理实践，或是具有一定行业共性的企业亟待研究和解决的实际管理问题，因而具有研究和推广价值。为保证学位论文的质量与研究价值，选题应尽可能细化和聚焦，围绕我国企业管理实践中的具体现象和问题展开研究和撰写。具体包含以下儿点：

（1）选题应以企业作为研究对象。

（2）选题要聚焦，内容要深入，强调"小题大做"或"小题深做"，避免选题过大。

（3）选题所聚焦的实践管理问题需具备一定的解决空间。

（4）选题所关注的管理问题，学生本人应具备能力来收集相关数据、实施访谈与问卷调查等。

（5）论文的选题要与当前我国企业经营管理能力提升与高质量发展要求紧密结合。建议 MBA 学生选取本人所在企业或产教融合企业（如：实习实践基地单位）作为论文分析对象，倡导和鼓励学生通过撰写学位论文理清工作思路，提升对工作单位优秀管理实践的归纳总结、存在的管理问题的分析和解决能力，传播优秀中国管理实践。

（6）论文中涉及企业相关的商业计划书、可行性报告以及行业研究报告、管理制度建设等实际管理工作内容，要确保合规使用相关资料，并按照问题界定、分析论证、方案给出的范式进行撰写。

◇MBA 学位论文的类型与评价标准

按研究方法论的角度，教指委倡导的 MBA 学位论文常见类型可划分为两大类：案例研究型论文和专题研究型论文。

（一）案例研究型论文

基本要素：管理案例研究型论文是"以结构化的文字载体，真实、客观、系统地描述企业组织在特定内外部情境下的独特管理实践"，是以定性研究方法为主要特征的学位论文。结合学位论文的撰写要求，管理案例研究型论文一般需具备以下要素：

（1）论文选题应真实描述所涉及企业的内外部情境；

（2）结构化展现与论文选题直接相关的企业组织独特管理实践；

（3）针对性的管理问题分析；

（4）科学务实的管理解决方案设计；

（5）符合学位论文的结构和写作等规范要求。

考核内容：管理案例研究型论文的重点在于案例事件过程和全貌信息的系统性搜集、整理和处理，案例信息的结构化展现。撰写管理案例研究型论文，旨在锻炼学员洞察企业内外部真实情境、客观全面搜集企业管理实践细节的能力，并能够应用相关管理理论与方法，分析研究复杂情境下的管理实践。一般来说，管理案例研究型论文的规范内容包括：绪论，必要的企业/行业背景信息描述，管理事件的全过程描述，案例分析，管理解决方案设计与实施，以及研究结论几部分。

评价侧重点：管理案例研究型论文要求必须是取材于真实的企业实践，提倡采用深入企业/行业调研的一手案例信息。在某些情况下，出于案例对象企业保密和案例中所涉及人物隐私的考虑，在论文中可以对企业名称、人物姓名、敏感数据进行掩饰处理，但所描述的管理现象/管理实践，管理困境/管理决策必须是实际发生的，需要真实、客观，不得随意编造和修改。根据企业管理实践的特征与研究关注点，管理案例研究型论文主要分为描述型（平台型）和问题型（决策型）两类。描述型管理案例论文（也称为平台型案例论文）聚焦于企业或其他组织发展过程中独特的管理现象或管理实践。描述型管理案例论文定位于解释"Why"的问题，注重对案例现象及其发生内在机理的解释。问题型管理案例论文（也称为决策型案例论文），着眼于企业或其他组织发展过程中所面临的独特管理困境或管理决策。问题型管理案例论文侧重于解决"How"的问题，注重对引发案例问题的内在原因的识别分析与系统性解决方案的提出。

（二）专题研究型论文的要求

基本要素：专题研究型论文，是以某一具体企业为研究对象，基于管理理论分析框架，运用定性与定量相结合的科学调查方法与管理分析工具，在对调研对象内外部进行充分的调查、研究、分析、测算的基础上，了解对象的现状、性质及特点，识别制约企业发展的核心管理问题或关键因素，并分析寻找问题的成因或决策依据，因此提出相关的对策建议和行动方案。①

考核内容：专题研究型论文，不同于企业组织一般的调研报告或诊断报告，需要符合学位论文的规范要求，定位于学生独立运用所学知识提出问题、分析问题和解决问题的能力以及调查研究和文字表达的能力，要求内容充实，联系实际，观点鲜明，论据充分，论文所得结论应对解决实际管理问题有指导意义和参考价值。

评价侧重点：该类型论文，涵盖诊断型报告和调查型报告等类型，虽然它们在内容模块的侧重点上有所差异，但它们具有三方面的共同特点：（1）以问题为导向，即遵循现实存在的问题描述（问题的起源、发展、影响等）—问题分析（问题的性质、产生原因、理论分析）—问题解决（思路、方案、措施与政策等）的逻辑展开；（2）在研究过程中，强调必须运用相关理论和方法对所研究的专题进行分析研究，采取规范、科学、合理的方法和程序，通过资料收集、实地调查、数据统计与分析等技术手段开展工作，并且资料和数据来源可信，这是该类型论文的考核要点；（3）在研究成果方面，专题研究所获得的结论应当具有较强的理论与实践依据，具有可应用性、可参考性与可借鉴性。

资料来源：《全国工商管理硕士（MBA）学位论文标准与规范（征求意见稿）》②

---

① 本书所讨论的数据分析类论文，属于这里的专题研究型论文范畴。
② 全国工商管理专业学位研究生教育指导委员会秘书处.全国工商管理硕士（MBA）学位论文标准与规范（征求意见稿）［R/OL］.（2022-05-06）［2024-02-06］. https://mba.nau. edu. cn/_upload/article/files/9f/59/b7fe339343dcb0e2867173e26ead/68762303-651a-4622-8ba3-22 e89737d7cf.pdf.

1.2　专业学位硕士论文的流程环节

专业学位硕士论文的流程主要包括以下环节：

1. 选题及开题

选题即学生在导师的指导下确定论文所要研究的题目。这个过程涉及查阅文献资料、提出研究设想、探讨研究设想的可行性、拟定研究大纲等步骤。确定具体研究题目后，需要填写开题报告书，并经导师审阅。获得导师批准的选题可以进入开题评审，通过开题评审即可进入论文撰写阶段。

开题评审是这一阶段的标志性事件，要求召开开题评审会。评审主要围绕开题报告书的内容进行。由学生报告选题思路，评审委员会的专家（通常是本校本专业专家）综合审查论文题目是否符合本专业学位论文的要求，从而给出是否通过评审的决议。

2. 论文撰写

论文撰写又包括初稿撰写、修改和定稿三个步骤。学生在初稿撰写阶段自主写作并与导师保持沟通交流，形成论文的基础版本。初稿完成后交由导师审阅并提出修改意见，然后对照导师的意见进行修改，形成修改稿。一般需要经过至少两轮修改，才能形成最后的论文定稿。

论文撰写的持续时间较长，其中修改阶段占据了相当大的比重。因此不能把全部时间和重心都放在初稿撰写上，需要为修改留出时间。最后形成的定稿也并非论文的最终稿，而是进入下一步原创性检查和匿名评阅环节的版本，其后还要继续修改。

3. 原创性检查

原创性检查即通常所说"查重"，由学院或学校将论文定稿导入文献数据库的专业软件，进行与现有文献资料重合率的计算。重合率高于标准的论文不仅不能进入下一流程，还会因存在剽窃等学术不端行为，视情节严重程度受到学校规章制度的处罚。

由于基于定稿的原创性的检查结果会直接被认定为判断是否学术不端的依据，因此学生需要在提交论文定稿之前主动进行几次原创性检查，以根据检查结果及时调整文章内容，保证定稿符合要求。

4.匿名评阅

通过原创性检查的定稿一般会被送交两位专家（通常包括校外专家）进行评阅，由专家根据本专业学位论文的要求给出论文是否达到要求的判断，并针对优点和不足给出具体评阅意见。在这一过程中，专家对论文写作者的信息、论文写作者对专家的信息都无从知道，是匿名的，以确保评阅结论的公正。通过匿名评阅的论文才能够进入答辩环节。

匿名评阅后会返给学生评阅结果和评阅意见。通过评阅的学生通常需要根据评阅意见对论文进行进一步修改，然后形成论文答辩的答辩稿。

5.论文答辩

这是论文流程的最后一个环节，需要召开论文答辩会。进入论文答辩需要满足三个条件，即论文通过原创性检查、通过匿名评阅、经过导师同意。论文答辩主要围绕论文内容进行，首先由学生阐述论文的基本研究过程和研究结论，然后由答辩委员会专家（通常包括校外专家）进行提问，学生再针对这些问题进行回答。答辩委员会最终根据学生的陈述和回答情况进行投票，并根据投票结果形成是否通过答辩的决议。论文答辩是论文流程的最终环节，也是最为重要的一个环节。论文答辩后，需要根据答辩意见对论文作出最后的修改，从而形成论文的最终版本。

表1-1归纳了专业学位硕士论文所涉及的流程环节，以及各环节需要准备的材料。

表1-1　　　　　　　　**专业学位硕士论文的流程环节**

环节	标志事件	学生进行的工作	环节结束学生提交的材料
选题及开题	开题评审会	进行开题报告	开题报告书（或选题报告书和开题报告书）
论文撰写		撰写初稿并按照导师意见修改，直至定稿	论文初稿、修改稿、定稿（该稿用于提交原创性检查和匿名评阅）
原创性检查	原创性检查		
匿名评阅	匿名评阅	收到评阅意见后对照修改，通过评阅的准备答辩	论文匿名评阅修改稿，答辩申请表
论文答辩	论文答辩会	进行论文答辩，根据答辩意见进行修改	论文终稿，答辩后修改情况表

1.3　专业学位硕士论文的特点

1.3.1　与内部汇报材料或商业研究报告的比较

对于MBA或MPA学生来说，本身已有多年工作经验，甚至有些在攻读硕士期间仍保持工作，使得他们对于学位论文这类学术文体的印象已经很模糊。由于平时工作中接触和使用最多的是企业或机构内部的汇报材料，或者商业机构推出的研究报告，使得他们在学位论文撰写中会不自觉地将论文写成内部报告或者商业报告的形式。这是很多专业学位学生常犯的错误。要避免这一问题，就需要从思路上明确学位论文和这些文体的差别之处。概括起来主要有以下几个方面。

第一，报告是散点式的，而论文是有理论框架统领的。在对研究问题进行问题描述和对策提出时，一般报告的写作方法是从实践出发，想到哪点说哪点，重视内容但不讲求结构。因此无论对于现存缺陷还是改进之处的列示，都是散点式的。而论文强调结构。论文的理论框架本身提供的就是分析的角度，框架完备则逻辑严密。同样是问题描述和对策提出，在论文中都要求使用理论框架来统领。例如，研究某企业市场营销策略优化问题，如果选择4P理论作为研究的理论基础，那么在接下来的问题描述和对策提出部分，就需要沿着4P理论所指向的四个方面，即产品（product）、价格（price）、推广（promotion）、渠道（place），分别发现企业在这四个方面的不足之处，进而一一提出对应的优化措施。我们对这四个方面的讨论是均衡着力的，但还是需要按照现实存在问题的严重性，有主次地进行分析；通过这四个方面，我们树立起来一个如何展开这一问题的框架。而在这四个方面之外，其他有关联的因素，如对营销人员的管理激励，只能作为辅助而不是研究主线进入论文。

第二，报告不强调技术分析，而论文需要体现技术方法。报告重在表达观点，提供一个令人耳目一新的观点，并且讲清楚获得观点的逻辑推演思路就可以了；而论文重在事实论证，注重客观的实证论据的表达，需要呈现论据支持下的严密论证过程。实证论据可以通过多种质化和量化的研究方法获得，常用的有调研访谈、数据分析等。不管采用哪一类方法，都需要遵循这一方法的使用规范，按步骤和环节进行，并且将该方法的应用过程在论文中详细披露。总之，报告侧重于表达观点，而学位论文则侧重于论证过程，需要通过扎实的实证论据来说服读者。

第三，论文有自身的形式规范性要求。正如新闻有新闻的文风，报告有报告的文风，学术论文也有自己的行文风格。这种文风不仅指语言风格，更包含一系列写作技术规范。例如，论文要求对所出现的数据和观点均标注来源，但报告中很少出现这类引用；又如，论文对于引用的呈现格式有明确要求，需要包含著者、题名、出版物名称、刊载时间等，必须按照这样的组成和顺序列示。类似的形式规范会使很多学生起初感觉不适应，需要通过学习研究逐步掌握。

1.3.2　与期刊文章和书籍的比较

期刊文章和书籍都属于学术文体，学位论文的要求和它们相同，因此可以参照二者的体例进行论文写作。不过具体来看，期刊文章和书籍又有差别。其最大的区别在于，期刊文章是围绕一个研究问题进行分析的，而书籍则是将一个大的研究问题分成多个子问题，围绕一个问题体系进行研究。内容上的差别导致了篇幅和结构上的差异。期刊文章一般在2万字左右，以"一、二、三……"及其下"（一）、（二）、（三）……"的方式划分，按部分组织内容；而书籍多在10万字以上，以"第一章、第二章、第三章……"及其下"第一节、第二节、第三节……"的方式划分，按章节组成内容。专业学位硕士论文的要求是2～3万字，从篇幅上看更接近期刊文章，因此在内容和结构安排上也可以效仿期刊文章。如果使用书籍的章节体例，也不需要进行过细的小节划分，避免使结构复杂化。

1.3.3　与学士学位论文的比较

对于大多数学生而言，所接触过的论文文体只有本科学习阶段的学士学位论文。与学士学位论文相比，硕士学位论文的显著变化集中在研究广度和研究深度上。

在研究广度方面，最直观的体现是硕士学位论文的篇幅由学士论文时的1万字提高到了2～3万字。篇幅增加的背后是研究体系的变化。硕士阶段的学生之所以被称为"研究生"，是因为这一阶段要求学生独立掌握系统的研究能力，这是本科阶段所不强调的。作为硕士阶段培养的最终成果，硕士学位论文应该反映出这种研究能力。系统的研究能力包括清晰梳理研究问题的内涵，延展研究问题的外延，从多维度、多角度对这一问题展开分析。具体而言，学士学位论文是单线式的，由主题导向单一的问题描述再到单一的解决措施；但硕士学位论文则是立体的，需要对主题进行解构，发掘立体的问题层面，对应提出多种解决措施并引申出丰富的讨论；下一步如果进展到博士学位论文，还会要求文章具有多重结构，包含多个立体化的组成部分。

在研究深度方面，二者的差异体现为两点：一是理论深度。尽管专业学位硕士论文并不强调理论贡献，也不强调理论基础，但以一定的理论分析框架来统领研究过程仍是必要的。论文不能没有理论基础，这是体现论文学术性的一个重要方面。这里的理论不能是过于基本、抽象的学科基础性理论（例如，市场供求理论），而必须是有一定专业性的专门理论（例如，前面提到的营销4P理论，对应的是一个具体管理学领域的专门理论）。由于硕士研究生阶段是专业教育，要求学生围绕某一专业领域掌握系统的知识，并使用专业的理论来体现专业培养的成果，因此专业学位硕士论文的选题不仅需要与实践相联系，而且其适用的理论往往也需要在专业性上更加深入。二是研究方法的深度。专业学位硕士论文要求使用比本科阶段更为严谨的技术方法，从而实现对研究主题更精确的论证。这是体现论文研究深度的主要形式。严谨的方法往往通过精细复杂的数据分析来实现。这包括使用更系统的统计指标体系、构造更严格的计量实证方程、采用更前沿的数据挖掘技术等，也包括进行更加有针对性的数据收集，如设计更复杂的调查问卷。数据分析的有效使用也有助于充实文章的讨论角度，增加对研究主题的认识和理解。

1.3.4　与学术学位硕士论文的比较

2024年通过了《中华人民共和国学位法》，明确了专业学位和学术学位分类培养的导向。关于符合授予硕士学位的条件，其要求学术学位申请人应当具有从事学术研究工作的能力，专业学位申请人应当具有承担专业实践工作的能力；对于答辩的形式，规定可采用学位论文答辩或者规定的实践成果答辩。这意味着对于专业学位硕士来说，如果选择以论文形式答辩，就需要在论文中更多体现实践能力，以明确与学术学位硕士的区别。

专业类学位论文更强调实践性、应用性，在学位论文写作中主要体现在以下方面：

第一，在选题上，专业学位论文一般要求围绕微观主体的一个具体问题开展研究。学术学位论文需要定位于宏观的国家层面，或者中观的省市、行业层面，所研究的问题需要在这一层面具有普遍性和代表性；而专业学位论文提倡研究具体企业或机构所面临的具体问题，这个问题可以是不具有广泛或普遍意义的，只要对具体的企业或机构而言具有研究价值即可。

第二，与选题相对应，专业学位论文不要求研究问题有典型的创新性。任何研究都需要有创新性，创新性是论文存在的基础。学术学位论文的创新性体现在学术贡献上，需要有理论价值或者较广泛的实践价值。而专业学位论文的创新性主要体现在如何"具体问题具体分析"上，也就是展现如何将理论应用于特定背景下的特定企业或机构实践，通过实例，能够使其他企业或机构在遇到相关问题时得到启发。

第三，不强调理论贡献和理论基础。专业学位论文不要求论文能够提供理论贡献，也不要求在论文结构中单列文献综述及理论基础作为独立部分（章）。但这并不是指论文结构中不需要存在文献综述或理论基础，也不是说这两部分不重要。凡是学术学位论文，这两项都是必须有的，而且对决定论证重点和论证思路有重要意义。不强调的意思只是说在围绕研究主题进行研究的理论深度上，无论是在理论知识的积累还是对理论的理解程度方面，不需要达到学术学位论文所要求的水平。

第四，需要突出特定问题的特点。专业学位论文并不是由于学制更短、对论文篇幅的要求更少，就在论文要求上全面低于学术学位论文——在某些方面，专业学位论文的要求更高。这一点就是在对所研究问题"特定性"的梳理上。专业学位论文的研究主题是企业或机构所面临的一个特定问题，这个问题发生的特定背景是什么、该企业或机构本身的特点是什么、问题成因及解决方案中的特殊之处在哪里，都是论文需要明确指出的。在论文的论证过程中，也需要紧密围绕这些特定性展开。专业学位论文一个常见的缺陷，就是在完成论文后发现如果把其中的研究对象替换成其他行业的企业、其他城市的机构乃至另一个方向的研究问题，文章的主体内容甚至包括研究结论都可以原封不动地适用，即研究对象"泯然众人"，研究结论"放诸四海而皆准"。这是错误的。其原因就在于忽略了对特定性的强调。特定性是专业学位论文在降低创新性和理论性要求后，需要补充的部分。

1.4 论文写作准备

1.4.1 与专业课的衔接

硕士阶段的专业课学习提供了对管理学知识体系的系统梳理，每一门课都汇总了本领域的经典理论。进行硕士阶段的专业课学习是写作学位论文的基础。

一方面，学生在寻找毕业论文选题时，可以结合专业课内容。在上课过程中，他们一边学习理论，一边积极搜寻自己曾经遇到的实践问题来与该理论相联系，通过这种方式把既往实践按照管理学门类从头到尾进行全面梳理。如果上课时留心进行了这样的工作，学生在论文选题时只需从中选择自己最感兴趣的问题进行研究即可。上述过程即是研究生培养目标中所要求的理论与实践相结合的体现。

另一方面，在写作阶段，专业课提供了搜寻论文理论基础的工具书。在明确了研究主题后，学生可以根据研究主题所属的管理学分支领域，查看该课程的课本，使用课本目录或资料大纲找到自己研究主题所对应的细分方向，进而在课本中找到这一方向所对应的内容，也就是已有的经典理论。之后，学生可以以此为线索，进一步追踪经典理论的发展过程，直至最新发展情况，综合考虑论文内容的适配度，从这些理论发展中选择最适合的一项理论成为论文的理论基础。这也是在研究生培养中，除课程之外对他们研究能力培养的体现。

1.4.2　日常文献阅读的积累

读专业学位的学生往往有一定的实践经验，有的实践经验甚至极为丰富，但在学术积累方面普遍严重不足。需要认识到，研究能力的培养绝非一朝一夕，绝不是论文开题前提前几周准备或者论文写作过程中边写边学就可以达到的。特别是学术论文所要求的研究逻辑和行文风格，是需要阅读大量已有文献来实现的。因此学生需要在平时养成阅读文献的良好习惯。

结合专业学位学生的特点，日常文献阅读需要注意以下两个方面：

一是在文献选择上，不要根据研究主题找文章，而要根据文献来源找文章。有的学生将阅读范围局限于与自己工作相关的特定领域，如在药品公司工作的学生计划围绕本企业写论文，日常就只阅读与药品企业相关的文献，这是不正确的。将研究主题限定太窄，很可能发现所找到的文献都来自学术要求较低的期刊，或者是来自规范性要求较低的学校的学位论文。这些文献从培养学术感知的角度而言并不是最好的材料。文献选择应当首先以管理学领域的权威期刊、顶尖学校的优秀学位论文为阅读对象。"研究主题"在日常阅读中应该是大主题的概念，如尽管关心的是药品企业，但须知在药品企业之外，针对其他医疗行业企业、制造业企业乃至所有企业的文献，都可能为药品企业的经营管理提供借鉴，这些范畴就是大主题。而不在这一主题范畴内的其他管理学文献，如公共管理领域的文献，则可以不纳入阅读范围。

二是阅读不必求精求多，但要求勤。阅读一篇期刊文章不需要每句话和每个公式都看得懂，事实上即使专业的研究学者也不这样做。一般泛读只需要了解文章的核心研究思路、研究方法和研究结果就可以了，这些信息通过阅读文章的摘要、引言、结论等有限部分以及浏览文章的结构，就可以大致了解。泛读的主要目的是留意研究逻辑，感受行文规范。特别是对于专业学位学生来说，大部分文章只需要泛读，挑选有限几篇精读即可，但是阅读需要持之以恒。因为许多专业学位学生有工作兼职，如果在阅读上"三天打鱼、两天晒网"，工作中的文书接触就会冲淡学术论文阅读中所积累起来的学术感知，难以实现阅读的目标。因此必须每周设定一定的文献阅读量，并坚持下去。

1.4.3　日常实践的积累

专业学位论文围绕实践进行研究，因此在论文写作开始之前就需要对实践资料进行归纳整理。这意味着需要将那些日常工作中零星的、分散的资料，有目的地收集梳理；将自己在工作中行之有效、引以为荣的经验加以概括提炼。如前面所提到的，这一过程需要与理论学习相结合，从而将实践在理论的加工下转换为能够进入论文写作的素材。此外，专业学位论文撰写往往需要用到企业或机构层面的一手资料，这些也需要提前准备。

值得一提的是，一些管理类专业学位学生尽管具备工作经历，但只是作为普通文员或者一般工作人员，即只有作为执行者的经历，没有作为管理者的工作背景。对于这些学生来说，平时还需要有意识地提升自身对实践进行观察的水平。管理类专业学位论文要求学生站在管理者的角度进行思考。对于那些正在工作的学生，可以选取一两个自己感兴趣的分支领域，如读MBA学位的学生可以选择人力资源管理、营销管理等领域，读MPA学位的学生可以选择公共组织、应急管理等领域，在工作中创造机会多接触和了解该领域的工作实际，从而有目的地积累起相关领域的资料；全日制的学生，可以利用实习机会到相关企业和机构调研，带着对论文选题的初步思考，尽可能地了解企业该方面的情况，发掘所需要的素材。这些工作都需要时间来积累，因而需要在专业学位论文工作开始之前就提早准备。

1.5　论文研究对工作的帮助

　　许多学生存在这样一种误解，认为写论文只是完成培养方案规定的一项任务，论文写作对实际工作没有帮助。事实上，基于论文写作过程所培养起来的研究能力，正是日常工作所需的一项素质。几乎所有的管理类工作都面临某些需要研究的问题。当发现有一个问题需要关注，或者收到上司"去研究一下这个问题"的指令时，该如何着手开展工作呢？细想一下，无非是这样一个过程：先拟出一个研究思路，然后去查找资料，继而在资料的基础上加入自己的思考，再沿着问题描述、问题分析、问题解决的步骤进行整理，最终把上述过程和结论整理成一篇或短或长的报告呈现出来——这和论文的研究方式完全一致。事实上，学位论文之所以成为一项培养环节、占据一定的学分，正是因为这是一个教授学生如何系统规范地开展研究的过程。在导师手把手的指导下，学生学习正确的研究方法，并实际经历一个完整的研究过程。通过这样的系统训练，培养学生的研究能力，从而让他们在未来能够独立开展研究工作。因此不应把学位论文写作和工作对立起来，而应当有意识地融会贯通，使之相互促进。

　　2025 年施行的《中华人民共和国学位法》明确了专业学位可以采用专业实践作为答辩形式，而不局限于论文一种。尽管专业实践不是论文，但其背后所体现出来的专业能力培养，即对具体问题的研究能力，与论文是一致的。要把专业实践的来龙去脉表达清楚，事实上也是一个描述问题、分析问题、解决问题的过程，只不过在呈现形式上不需要按照学术论文的文体格式和技术规范去要求。因此即使对于那些想要使用专业实践作为学位申请方式的学生，本书所指出的研究思路仍具有启示意义。

1.6 本章小结

对管理类专业学位硕士论文的要求，既包含对学术文体的基本要求，也包含对硕士论文的一般性要求，还有对专业学位的特殊性要求。对于这三个方面要求，要达到前两个，需要通过日常的课程学习、文献阅读来积累，建立对学术文体规范和硕士论文广度、深度的感知；对于第三个方面，则需要理解专业学位论文的特点，这一点尤其重要。

专业学位硕士论文并不是相对学术学位硕士论文的全面放松要求。其特点可以分为弱化要求和强化要求两部分。弱化要求主要是对理论的弱化。相比学术学位硕士论文，理论性不是专业学位硕士论文的关注重点，专业学位硕士论文不需要强调理论贡献和理论基础——虽然这些部分在论文中仍旧要有。强化要求主要是对"特定性"的强化，体现在三个方面：一是研究问题的微观倾向。需要围绕企业或机构面临的一类具体问题开展研究，这一特定问题可以不具有广泛或普遍意义，但要对具体企业或机构具有研究价值。二是研究过程要紧密围绕问题的特征展开。需要提炼出研究对象和研究问题的特定性，以展示将理论应用于解决这一特定问题情境所面临的特殊之处。三是论文创新性视角的提炼与学术学位硕士论文不同。专业学位硕士论文的创新性主要体现在如何将理论应用于特定企业或机构，侧重转化过程，不强调能够产生普遍性的启示。总之，专业学位硕士论文更强调实践研究能力，这与学术学位硕士论文所表现的理论研究能力不同。

学生需要意识到，研究能力的培养不是一朝一夕的事情，要达到专业学位硕士论文的要求，需要整个硕士阶段持续的努力。即使是那些选择以专业实践而不是论文参与答辩的学生，他们所减少的工作量只是对于学术论文规范的掌握；而学位授予所要求的实践能力标准，对专业实践形式和论文形式的要求是相同的。也就是说，所有学生在入学时，都需要注重自身实践研究能力的培养，从专业课学习、文献阅读、日常实践梳理等多方面，综合提升作为研究生的基本素养。

第2章
数据分析类论文的结构

2.1 数据分析类论文的常见类型

数据分析是社会科学分析方法中的一个重要类别，也是管理类专业学位论文中最经常使用的研究方法。数据分析类论文属于专题研究型论文的一种，即围绕某个特定问题使用数据分析方法进行研究。在这类论文中，数据分析过程占据论文内容的主体，体现着论文的深度和作者的创新贡献。由于数据分析技术的不断进步，对于数据分析方法的规范性和系统性要求也在逐年提高。

可用于论文研究的数据来源多样，方法也众多。按照方法的类型，常见的数据分析类论文可以分为三类。

1.统计和计量分析

这类方法使用统计指标和数理模型，对数据中每个要素的特点进行归纳，对要素之间存在的相互关系及其程度进行识别和量化。其中，统计和计量又是两个存在差别的概念。统计分析更强调对数据特点的归纳，而计量分析（即计量经济学分析）则更强调对数据关系的发掘。二者通常结合起来使用，以更全面地理解和解释数据。统计和计量分析是一门系统的学科，包含了庞大而复杂的分析技术。按照所处理的数据类型，又可以大致分为时间序列分析、面板数据分析、横截面数据分析等方法体系。

专业学位论文由于重在解决实际问题，并不强调技术分析的准确性，因此也不要求使用复杂的技术工具来达到精确计算。最常使用的技术工具就是基于横截面数据的多元线性回归模型。多元线性回归模型通过设定包含多个自变量的简单线性回归方程，通过回归发现自变量与因变量之间的相互关系并量化其数值。以多元线性回归模型为核心，加入对数据基本特点的描述、对回归样本和模型设定的修正以及对回归结果的扩展讨论等，就构成了一组完整的多元线性回归分析过程。统计和计量分析需要借助专门的软件完成。

2. 指标体系分析

指标体系是由一系列指标构成的有机体系，通常被用作评价研究，如风险评价、满意度评价、绩效评价，或者对营商环境、发展水平等进行的评价。指标体系内的指标按照评价目的，基于一定评价方法选出，组成层级结构。在评价时，每个指标被赋予一定分值或权重，从而能够计算出每一项指标的得分和每一层级的加权得分，直至获得整个指标体系的总分。指标的选择和权重的设定是构建指标体系的两个关键要素。

论文中对指标体系分析的应用有两个方向：一是使用现有的指标体系，围绕论文所研究的特定对象进行研究。其目的是将指标计算结果与同类机构或者公认标准进行比较。二是在现有指标体系的基础上进行改良，构建新的指标体系。其目的是根据所研究对象的特点建立更为适用的评价标准。前者强调比较，一般需要掌握多个企业或机构的数据，从而能够在获得本书研究对象指标值的同时计算出作为比照标准的指标值；后者强调新建，着重因地制宜，通过改良指标构成或其权重，产生更适合当前研究对象开展自我评价的方案。从实际来看，后者在论文中的应用更多。

3. 文本分析

这是近年来兴起的一类分析方法。文本分析的材料不是数值型的数据，而是文字型的文本。在大数据分析和机器学习技术的支持下，可以实现对文本中词语的提取，进而进行词语出现频率的统计、获得词语性质的分类等，并可在此基础上进一步分析得到文本所包含的语义、情绪等各类信息。文本分析也需要借助专门的软件来完成。

文本分析的适用范围很广。凡是涉及文字的内容，如文献资料、访谈记录，都可以通过文本分析法进行研究。相比原先的手工处理方法，这一方法更加规范严谨。而随着网页爬取技术的出现，使用网页爬取数据进行文本分析已成为一种主流的研究模式。特别是在一些原先使用调查数据进行统计分析的领域，如消费者偏好研究等方面，爬取网页消费者评价进行的文本分析已逐渐替代传统方法，成为新的研究方法。

2.2　数据分析类论文的论证逻辑

数据分析作为一种分析工具，需要服务于文章整体的研究逻辑，用于支持逻辑中最重要的环节。对于论文来说，围绕一个问题展开研究，完整的研究过程应包括问题提出、问题描述、问题分析、问题解决等环节，并按照这样的逻辑顺序依次展开。

第一，论文开头需要指出论文研究的特定问题是什么，这是问题的提出。每一个研究问题都不是独立存在的，而是与以往文献存在关联，是在既有研究基础上的发展创新。因此提出问题还需要回顾前人的研究，指出论文在相关主题所形成的文献坐标系中的位置。问题提出部分放在论文的开头，通常构成论文的第一部分——绪论。

第二，正式开展研究，即基于某个理论搭建的分析框架，对问题开展实证分析。这是论文研究的主体，也就是问题描述和问题分析的过程。进行研究首先要有一个研究框架，指明该从哪些方面着手来探讨这个问题。这一框架是由理论提供的，因此需要首先选择一个（有时是多个）对研究问题有针对性的专业理论，来作为开展研究的基础。这构成论文正文的第二部分——理论基础。由于专业学位论文不强调理论基础，该部分也可以并入绪论中。有了理论所指明的方向，接下来就可以沿着这些方向进行实证分析了，这是文章的核心内容。对于数据分析类论文来说，就是使用数据和数据分析方法进行具体考察。实证分析又分为几个步骤。首先，由于探讨的是一个特定问题，需要介绍该问题产生的具体背景，包括企业或机构的基本信息、问题或事件的基本情况等；其次，引入分析所使用的数据和数据分析技术；再次，进行数据分析，按照理论框架所指出的方向分别获得分析结果；最后，总结这些结果，形成数据分析的结论。这一过程分别形成论文正文的"现状和背景介绍""问题的实证分析"部分。

从内容上来看，"问题的实证分析"部分包含了两个层次：一是对问题的表现形式进行梳理（即问题描述）；二是对问题产生的原因进行剖析（即问题分析）。根据文章研究的侧重点，数据分析方法可以被应用于任一层次，作为文章论证的重点；而另一层次就可相对从简。例如，在研究企业并购后的绩效问题中，通过财务指标对绩效进行评价，以此发现绩效提升不佳的方面，这是着重使用数据分析对问题的表现形式进行梳理。又如，在研究员工离职倾向问题时，基于面向员工的调查问卷来统计离职的原因，这就是着重对问题成因进行分析。这两个层次也可以是相互联系的。例如，研究某企业的员工激励制度优化问题，在调查问卷中既可以询问员工对现有激励制度的不满之处，也可以询问员工不满的原因是什么、所青睐的激励方式是什么。在这种情况下，相应的问卷数据分析既包含了对问题表现形式的分析，也包含了对问题成因的分析。由于"问题的实证分析"所涵盖的内容较多，又可根据需要，进一步划分为"数据和方法""实证结果""原因分析"等单独章节部分。

第三，在问题描述和问题分析之后，就是问题的解决，即研究对策的提出。梳理了具体的问题形式及其成因，下一步就是对照提出解决措施。解决措施需要与问题——对应，以明确每一个问题是如何被解决的。这构成了论文的"解决方案"部分。解决这些问题也就意味着论文研究圆满完成，这时候可以回顾全文进行总结，这就产生了文章最后的"结论"部分。

总的来看，数据分析类论文的研究按照问题提出、问题描述、问题分析、问题解决的思路展开，具体分为"绪论—理论基础—现状和背景介绍—问题的实证分析—解决方案—结论"等部分。学位论文评价标准中有一条是"逻辑清晰"，就是要求文章在结构上需要清楚体现这样的逻辑脉络。

2.3　数据分析类论文的结构大纲

文章的结构即文章的章节划分，结构大纲直观地表现为文章的目录。文章内容中的每个逻辑环节都需要独立形成章节，以便读者能够通过文章目录迅速地识别文章的研究逻辑。因此需要重视章节的划分方式和章节标题的拟定。章节的划分不应以字数多少为依据，而应以在逻辑链条中是否承担功能为标准；同样，章节标题的拟定也不是随意的，而是要清晰勾勒出代表逻辑结构的关键词。

结构大纲除了要体现出逻辑的顺序，还要体现出研究的重点。章节划分的繁简表达着对应内容的详略程度。对于重点内容，应当进行更为细致的划分。例如，数据分析类文章以数据分析为主体，可以将"问题的实证分析"部分进一步划分为"数据和方法""实证结果""原因分析"等多个章节，在目录上也占据更多篇幅。而对于不那么重要的部分，如"理论基础""现状和背景介绍"等，甚至可以不独立成章，而是合并到其他章节中顺带介绍。

需要说明的是，由于专业学位论文对数据分析的深度并不十分强调，数据分析在文章结构中是否占据主要地位和篇幅仍取决于文章的研究需要。不过在大多数情况下，由于需要为文章论证提供扎实的依据，这部分内容仍需要做细化的结构安排。

实例2-1提供了数据分析类论文大纲的样例。

实例2-1　数据分析类论文大纲（以用于问题描述的计量分析文章为例）

1 绪论

1.1 研究背景和研究意义

1.2 国内外文献综述

2 理论基础

3 现状和背景介绍

3.1 企业/机构概况

3.2 所研究问题的背景

4 问题的实证分析

4.1 模型和数据

4.2 实证分析结果

4.3 问题成因分析

5 解决方案

6 结论

2.4　本章小结

数据分析类论文是专业学位硕士论文中最为常见的类型。数据分析类论文之所以普遍，与企业管理和公共管理领域的现实发展有关。2019年，中共中央首次将"数据"明确纳入生产要素，数据要素也成为推动新质生产力提升的关键力量。在这样的背景下，无论是企业还是政府，在日常管理和决策中都更加重视数据的使用。而作为关注实践问题的专业学位论文，也体现了这一趋势。从论文的角度来看，数据也代表了最客观的实证论据，因此数据分析有利于增强论文结论的可靠性。

数据分析涵盖的范围较广。按照所使用的方法划分，大致可以分为统计和计量分析、指标体系分析、文本分析三类。每一类都有自身的一套研究范式。因此选择使用哪一类方法，就意味着要系统掌握该方法的分析规程。其中，对于统计和计量分析以及文本分析，还会涉及专门软件的使用。对于专业学位论文来说，在某一方法下选用怎样的技术工具，无须精益求精，不要求达到和学术学位论文一样的深度；但即使是使用最基本的工具，仍需要保证研究过程是完整的。

数据分析尽管可能占据学生论文写作的很多精力，甚至占据论文正文的主要篇幅，但需要明确的是，其本身只是一个提供论据的工具。数据分析的使用需要服务于文章整体的论证逻辑。数据分析类论文的研究，需要按照问题提出、问题描述、问题分析、问题解决的思路展开。在文章结构上，具体表现为"绪论—理论基础—现状和背景介绍—问题的实证分析—解决方案—结论"的大致章节分布。需要指出的是，数据分析可能用于描述问题，也可能用于分析成因，或者探索方案。最终用在何处，取决于文章具体的研究需要，最终还是为文章研究目的服务。

第二部分：论文写作

第3章
选　题

3.1　选择研究主题的基本原则

尽管看起来可供研究的问题很多，但并不是每一个问题都能够成为专业学位硕士论文的研究主题。能够发展为论文主题的问题，需要满足下面的基本原则。

1. 要符合专业方向

符合专业方向是论文选题的首要要求。这一要求看似简单，实际中常犯的错误不少。不符合专业方向的情形常见有两种：

一是不属于管理学的研究范畴。例如，某MBA学生想要研究"企业的数字化考核体系构建"，并将拟研究内容设定为如何引入软件系统。像这样将研究视角放在软件系统设计上，这篇文章就属于工科的研究范畴。管理学论文需要从管理的视角出发，应当落脚在管理体制设计上，例如如何借助新的数字化工具来实现考核制度的健全和考核流程的优化。尽管结果看起来是引入了一个软件，但细思这个问题，会发现管理体制调整才是背后的根本动因，正是由于一些管理因素发生了变动、需要被纳入考核体系中，才有了引入软件系统的需求，以及对应满足这些要求的软件设计。在这一过程中，软件只是实现手段，是整个问题的其中一个层面。从这个例子也可以看出，不是所有发生在企业的事件都可以做 MBA 题目，也不是所有关于公共机构的讨论都属于 MPA 范畴。关键在于要具有管理学的研究视角。一个问题可以拆分出多种观察层面，需要选择其中的管理学角度来切入问题。特别对于那些有着非管理学专业本科背景的学生来说，理解这一点尤其重要。

　　二是尽管属于管理学研究范畴，但不属于本专业的研究范畴。MBA 学生的论文选题必须符合工商管理方向，因而要与企业实践相关，落脚于企业管理。那些落脚在政府应当如何改进绩效方面的文章不能作为 MBA 论文的选题。相似地，对于 MPA 学生来说，选择一个企业问题进行研究也是不恰当的，必须从公共管理领域入手，研究一个公共机构所面临的问题。需要指出的是，与前面相似，同一问题站在不同角度可以成为不同专业的选题。例如，一个政府政策变化的事件（如 2023 年政府主管部门对药品的合规学术推广方式进行了限定）。对于 MPA 学生来说，围绕这一事件的研究可以关注政策的实施效果，或者探讨如何进一步改进制度以更好地引导相关企业行为。而对于 MBA 学生来说，想要研究这一政策对企业产生了多大影响是不合适的，因为关注点落在了政策本身上。如果非要研究这一事件，MBA 学生应当站在企业角度，探讨企业如何在新的政策环境下调整营销方式，或者企业如何改变营销的组织结构来应对政策调整带来的冲击。由此可见，虽然这一事件看上去"本质"是政府的，但仍可以从企业的角度进行观察。事实上，绝大多数研究主题并不是绝对地只能归入一个专业方向，研究视角的重要性需要再次被强调。

　　2. 要能够被归入某一个管理学分支领域

　　论文所提出的研究主题必须能够被一眼看出属于哪个管理学分支领域。例如，工商管理包括运营管理、战略管理、组织管理、人力资源管理等分支。如果一个 MBA 论文题目为"某银行员工的薪酬制度优化研究"，那么可以很明确地看出这属于人力资源管理领域。而如果一个

MBA论文题目为"某教育公司线上课程改进研究",则不能一眼看出其归属领域。如果题目里的"改进"指的是相对竞争者的产品设计,那么可能属于营销领域;而如果指的是教育公司从线下到线上转型大背景下对线上部分的强化,则可能属于战略管理领域。这时候就需要对题目进行反思,首先思考这是否是一个管理学问题,然后进一步提炼研究意图,明确其属于哪个分支领域。如将上述题目改为"某教育公司线上课程的产品差异化策略研究",就能确定是围绕营销进行的。明确研究领域的归属也是下一步建立文章理论基础的前提。

3. 必须能够获得数据资料支撑,具有研究的可行性

学位论文有两三万字的篇幅,要进行这样长度的论证肯定需要一定的深度,而要延展出深度必须有数据资料的支撑。数据资料是提供论据的基础。对于专业学位论文来说,由于围绕具体企业或机构进行研究,其目标对象具有特定性,因此需要掌握这个企业或机构的相关数据资料。这些数据资料有的是能够从公开网络上获得的,如企业年报、政策文件;有的则是公司或机构的内部信息,如企业进行战略转型的考虑因素、政策文件出台的具体动因;还有的可能需要通过收集一手资料获得,如针对某产品的市场需求状况、某政策在特定群体的作用反馈。究竟需要哪一类数据资料,取决于具体的研究问题;但如果相应的数据资料无法获得,就无法开展研究,那么应当转换研究主题。数据资料的可得性是决定文章可行性的重要因素。

4. 有一定的创新性

如第1章所提到的,论文一定要有创新性,但专业学位论文不要求研究问题具有典型的创新性,专业学位论文的创新性主要体现在如何"具体问题具体分析"上,也就是展现如何将理论应用于特定情境。因此在论文构思时就要明确其所要凸显的特质性是什么。例如,研究"某企业的数字化转型"这一主题,就需要进行以下思考:对于所研究的特定企业,该企业需要进行数字化转型的具体原因是什么?为什么这个动

因原先不迫切，在当前这个特定时点变得迫切了？如果这个动因不是来自企业自身，而是来自行业层面的压力，那么行业中可能已经有完成数字化转型的企业可以提供经验借鉴，当这些行业经验应用到本企业时，需要根据企业的哪些特定特点做怎样的改进？通过这样的思考，就将该企业进行数字化转型的特质与其他企业分离开来，基于这类特质产生的数字化转型方案就成为"数字化转型"这个研究主题中具有创新性的补充。

5. 从自身工作经历或自身发展方向选题

不要低估硕士论文的研究工作量。一篇汇总了整个硕士阶段理论和实践思考的文章，需要花费很大精力去完成。单纯将其视作一个用以取得学位而不得不完成的任务，容易造成研究过程中动力缺失，以致于在研究深度上难以达到要求。专业学位的培养本身面向就业，应当把论文撰写和自身未来的发展方向结合起来。对于没有工作经历的学生，可以沿着自己希望的就业方向寻找题目，将其作为对未来发展的奠基储备；而对于有工作经历的学生，除了可以面向未来，还可以将论文作为对既往工作经历的阶段性总结，通过对理论结合实践的深入思考，将自己代表性的经验或教训进行梳理沉淀，形成对未来发展的助力。

3.2　发现研究主题的方式

3.2.1　如何从已有文献中发现研究主题

已有文献汇总了前人的研究。观察这些文献的主题并加以扩展，可以形成新的研究主题。扩展的方式有以下几种（结合实例3-1）：

1. 变换研究对象

文献的题目是"某家电产品市场营销策略优化研究"，该文献的研究对象是制造业产品，可以思考是否能将其转换服务业。例如，将研究主题转换为"某保险产品市场营销策略优化研究"。

2. 变换研究时期

文献题目是"某家电产品市场营销策略优化研究",该文献的发表时间为2010年。在2010年之后,随着科技的发展和居民消费结构的变化,家电行业的市场格局发生了很大变化。进口产品和国产产品的差距显著缩小,数码产品对传统家电产品的替代性逐步增强,线上渠道对线下渠道的冲击不断扩大,这些都明显改变了家电产品的营销环境,意味着该类产品的市场营销策略也会发生深刻变化。因此即使针对相同的产品、使用相同的题目,在新的时代的背景下也可能有新的发现。在这种情况下,可以原封不同地沿用既有文献中的研究主题,但在撰写中需要着力突出新时期的作用。

需要注意的是,不是只要更新时间范围就能形成新的文章。新时间出现的意义在于其对原有研究主题产生了与之前时间阶段不同的影响,引入新时间背景会获得新的结论。因此扩展时间范围能够为该主题带来创新性。如果只是单纯地延长时间长度而对研究结论没有影响,特别是只较原有文献向前推进了很短的时间,这时重复同一个问题,研究就没有太大意义,不应当再选择同一主题进行研究。

3. 变换研究方法

我们仍以"某家电产品市场营销策略优化研究"为例。制定产品营销策略的基础是对市场需求有清晰的认识,而对市场需求的刻画传统上依赖市场调查,通过面向消费者发放线下或线上调查问卷的方式收集信息,进而通过统计分析数据获得结论。因此现有关于营销策略优化的文献大多使用基于调查数据的统计分析法。然而近年来随着互联网应用的普及,应用数据爬取技术在微博、网站或网络论坛中进行消费者评论爬取,已经成为一种新的市场需求采集方式。基于爬取文本而进行的文本分析也成为一种新兴的研究方法。因此当看到"某家电产品市场营销策略优化研究"这类题目时,可以思考能否将文献中的研究方法替换为一类新的方法，通过改变研究方法来更新研究结论、获得新的发现。

4. 新增影响因素

在当前自媒体等新媒体蓬勃发展的背景下，企业的营销渠道和营销方式可能发生剧烈变化，相应地促使营销策略调整。如果这一因素尚未被既有文献关注到，那么就可以在"某家电产品市场营销策略优化研究"这一主题下，引入新媒体作为新的影响因素，来获得与既有文献不同的发现。例如，将原题目改为"新媒体发展背景下某家电产品市场营销策略优化研究"。在既有文献所指出的影响因素基础上，添加新的影响因素并探讨其作用，可以成为一种选题方式。

5. 研究某个事件的影响

选题还可以围绕某个事件展开，研究其造成的影响。例如，行业主管部门颁布了一项要求家电产品张贴能耗等级标识的规定，家电产品的市场营销策略可能也要发生改变。论文可以关注这一事件，探讨企业在营销方面的应对措施。需要指出的是，这里所说的"事件"不仅指广受瞩目的新闻事件，也包括新政策的推出（如法律法规的调整），或者新技术的出现（如 ChatGPT 投入使用）等。能够发现最新的事件并将其与潜在的研究对象联系起来，是获得选题的关键（结合实例 3-1）。

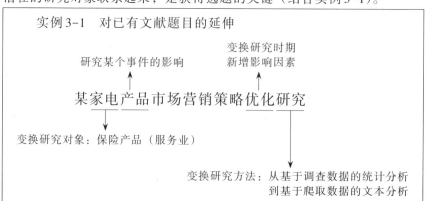

实例 3-1　对已有文献题目的延伸

变换研究时期　新增影响因素

研究某个事件的影响

某家电产品市场营销策略优化研究

变换研究对象：保险产品（服务业）

变换研究方法：从基于调查数据的统计分析到基于爬取数据的文本分析

3.2.2 如何从日常工作中发现研究主题

日常工作的实践或者过往工作的经历可以成为获取研究主题的来源。在这方面，搜寻研究主题可以从两个方向入手。

一是企业或机构当前面临的挑战，也就是将论文研究与未来的工作发展结合起来。通过论文研究，应用理论和实证工具系统分析当前问题的成因，找到解决对策，从而为下一步发展奠定基础。多数论文使用这一选题思路。通常而言，可以基于目前承担的工作或毕业后计划从事的工作，将实际工作中面临的问题转化为论文的研究主题。

二是企业或机构曾经面临的挑战，也就是将论文研究作为对既往工作经历的总结。值得指出的是，论文并不是只能针对当前发生的问题进行研究，也可以回顾过去。企业或机构曾经成功地完成一项任务，但这项任务究竟是如何取得的，由哪些因素促成，又有哪个因素起了决定性作用，这些可能实际参与者也一时说不清楚。这时就可以借助论文这一契机，对取得成功的过程进行系统全面的梳理，应用理论和实证工具进行剖析，清楚地展现这项成功是基于什么条件取得的，各个因素是怎样发挥作用的。通过这样的研究，可以更准确地归纳成功经验，从而帮助企业或机构在未来复制更多的成功经验。同理，对于失败的教训也可以做类似的梳理，将其转变为论文研究主题。

当从日常工作中获得了一个关于选题的初步想法时，其能否落实为真正的研究主题，还需要考虑以下两个方面。

第一，考虑研究主题是否具备可操作性。例如，有的学生当前工作的企业正面临战略转型，因此想要研究企业转型问题。但作为一个普通的企业工作人员，研究涉及战略层面的主题可能会面临困难，难点在于无法获得企业总部或者管理层的相关资料，从而对企业转型的真实背景和所面临的困难缺乏全景式的认识。研究主题的可操作性会受到所能获得的数据资料的限制。因此，从与自身工作紧密相关的内容出发来寻找选题，是较为稳妥的方式。基于自身工作的研究也有助于更好地实现理论与实践相结合。

第二，考虑研究对象和研究内容是否匹配。例如，有的学生从事保险产品销售工作，在实践中积累了一些对当地适宜开展的保险品类的思考，初拟题目为"某地市级保险公司保险产品设计研究"。但在保险行业，地市级公司是分公司，是只负责销售的执行机构，并无设计保险产品的权力，保险产品的设计都在总公司。因此围绕分公司进行保险产品设计的讨论并不成立。如果想要在研究中既突出地市级机构的特性，又关注保险产品的设计问题，会造成内容相互割裂。根据学生实际想表达的意图，该题目适合改为"面向中小城市的保险产品设计研究"。可见，即使是自己熟悉的工作内容，在提炼研究主题时也需要厘清其内部的匹配关系。

3.3　研究题目的确定

从研究主题到最终研究题目还需要经过一些优化。研究题目是研究内容的高度概括，因此既要涵盖全面，又要表述准确。初拟的研究题目可以对照以下几点进行修改（结合实例3-2）。

实例3-2　研究题目的确定

主题	某家电产品市场营销策略优化研究
分支领域	市场营销
创新性/特质性	产品是新型的数码家电产品；需要向三四线城市市场进行拓展

题目　　**数字时代某新型家电产品市场营销策略优化研究**

数码家电　　中小城市

3.3.1 精练研究内容，题目不能过大

研究题目需要能使读者准确地识别实际研究内容，多余的、不能反映文章内容的词都要删除。例如，想要研究某数码家电产品的营销策略优化问题。尽管该产品是在数字时代背景下由家电产品和数码产品复合诞生的一类新产品，但将"数字时代"一词纳入标题写为"数字时代某新型家电产品市场营销策略优化研究"，是不恰当的。因为这里的研究意图即营销策略制定的动因，在于新产品的特征，正是这些独有属性导致产品在面向市场时无法沿用旧有的家电营销模式，也缺乏同类产品的营销经验可以参照。因此研究内容主要是围绕产品特征进行的、探讨如何根据这些特征调整营销方式，而"数字时代"只是宏观背景，并不是研究的主要内容。在这种情况下，题目中的"数字时代"一词就应当被删除。数字时代的作用应该表述为产品特征即"数码"，因此题目改为"某新型数码家电产品市场营销策略优化研究"。

题目中的词还需要精确地反映文章研究内容。在上述主题的研究中，有的学生会将题目写为"某制造业产品市场营销策略研究"。"制造业产品"是一个范围很宽的概念，很多产品都属于制造业产品。这时候就需要考虑如何使这个词的指向性更强。例如，改为"消费类制造业产品"，或者进一步按照产品类型将范围缩小为"家电产品"。再考虑到研究内容需要凸显产品的"新"和其"数码"特征，可以进一步修正为"新型数码家电产品"。类似地，对于"市场营销策略"，事实上也可以进行范围的缩减。根据研究内容，如果想要研究的重心是如何将产品营销从一二线城市转向三四线城市、改进现有三四线城市的营销策略，那么就应当把题目范围缩小到"中小城市营销策略研究"。

3.3.2 提炼研究重点，形成关键词

研究题目只有短短十余字，每个字都需要有其存在的意义，在表达

题意上一个不能多也一个不能少。一个研究题目拆分来看是由若干关键词构成的，这些关键词不仅显示了文章的研究内容，也显示着文章的研究重点。之前提到的专业学位论文所需要表现出来的"特质性"，就要在题目关键词中得以体现。如上例中"新型数码家电产品"中的"新型"和"数码"，都是对研究重点的强调。相应地，如果不打算将其作为重点内容，就无须在题目上进行细节表述。例如，研究某冰箱的营销策略，而该冰箱的营销策略与其他家电产品并无不同，这时在题目中就无须刻意强调产品类别为"冰箱"，而表述为"家电产品"即可。作为研究重点的关键词不仅要在题目中凸显，也要对应地出现在论文目录中并占据显要位置，在后面的正文中也要有专门的章节做有针对性的阐述。

需要指出的是，这里所说的题目关键词和论文摘要部分的关键词有一定区别。二者的相同之处在于都体现了文章的研究范围和研究重点，不同之处在于摘要部分的关键词通常是表示范围的名词，如"新型数码家电产品"，而"新型"这类形容词是不能单独作为摘要部分的关键词的。

3.3.3　隐去具体主体名称

专业学位论文往往围绕一个企业或机构展开，由此必然涉及包括企业或机构名称、相关产品名称在内的一些具体信息。对于论文来说，重在对研究问题的分析，因此不必在论文中提供这些具体信息。特别是那些使用企业或机构内部资料开展研究的论文，一般需要在题目中隐去实际名称，转而用模糊称谓代替，否则需要取得企业或机构授权。例如，可以将具体名称在题目中写为"某家电生产企业"或用字母代指"A家电产品"，正文中也以相同方式提及。但如果只简称为"某公司"或"A产品"则是不恰当的。如上一小节所述，需要保留题目中关于研究内容和研究重点的关键词。

3.4 本章小结

选题是开展学位论文研究的第一个环节。综合本章的论述，选题过程分为两步：

第一，确定研究主题。根据选题基本原则确定目标的管理学分支领域，在符合专业要求的研究范围内拟定大致方向。需要确认该主题采用的是管理学视角，并且能够被归入某一管理学分支领域、从而在已有文献坐标系中进行定位。发现主题的方式有多种。一方面，可以通过阅读文献对已有研究进行拓展。一些常用的拓展方式有变换研究对象、变换研究时期、变换研究方法、新增影响因素、围绕某个事件的影响研究等。另一方面，可以根据自身实践开展发掘行动。留意所在企业或机构面临的挑战，无论是正在面临的还是曾经面临的，都可以作为研究主题。

在确立研究主题的过程中，还需要考虑到研究主题的可行性。需要确认研究该主题所需的数据资料是全部可得的，并且收集起这些数据资料是可行的；对于分析数据所使用的方法，需要评估自己能否掌握该方法的完整规程，涉及软件使用的，还要评估自己能否掌握该软件的操作。由此可见，选题的过程事实上是构思整个论文框架的过程。因此开题时的工作量很大，甚至占到整体论文研究工作量的一半。这一点在第11章关于开题报告的介绍中会详细叙述。

第二，由研究主题经过细化优化得到研究题目。这个过程的核心是提炼出研究内容的"特质性"。专业学位硕士论文强调研究对象的特定性，因此在研究中把握特定之处展开论述，是一个关键，这也构成了题目的关键词。这些特定之处也体现了文章在研究内容上的创新点和贡献。

第4章
绪　论

4.1　绪论在论文结构中的作用

　　绪论，也称引论、导论或序论，顾名思义起着导入研究主题的作用。绪论的主要内容是交代研究问题的缘起，也就是"为什么研究这个题目"。原因的阐述分为两个渐进的层次：首先是发现存在这样一个问题，即描述研究背景；然后是认为发现的这个问题有研究价值，即陈述研究意义和创新之处。事实上对于一篇文章来说，是否吸引读者，很大程度上取决于开头对于研究原因的介绍是否引人入胜、能否使读者认同这个问题的研究具有重要性和迫切性。因此绪论部分不是文章的主体内容，在篇幅上也不宜占据过多，但需要字斟句酌，这是论文修改的重点。

　　绪论在文章结构中占据开头，还承担着统领后文、概述研究思路的作用，要与位于文章末尾的结论相呼应。尽管这两部分以及位于正文之前的摘要都属于概述性内容，但与摘要和结论相比，绪论大多着墨于"为什么要研究这个问题"，对于"研究的具体问题是什么""大致如何开展研究"只做扼要介绍，可以不介绍研究结果；结论则需要侧重展示研究结果。有的学生存在一种错误认识，认为研究问题和研究过程在摘要中已有交代，因此无须在绪论中赘述。须知摘要并非正文，论文正文需要保持独立和完整。因此摘要中的内容并不能替代绪论，绪论中的概述虽然可以简单，但这部分内容仍旧是不可替代的。

4.2　绪论包含的内容

按照书籍的体例，绪论通常需要分为以下小节：①研究背景。②研究意义。③创新之处。④国内外研究综述（文献综述）。⑤研究内容。⑥研究方法。此外，还可以延伸出"研究路线"、"不足之处"等小节。期刊文章体例下尽管不需要单独分节，但仍需要包含上述内容。专业学位论文的绪论也需要从这六个方面展开，并可根据需要划分小节。

在这些内容中，①~④结合起来，回答的是"为什么要研究这个题目"。研究背景提供了发现问题的最初缘起，而正是因为发现的问题有研究意义、存在创新之处，才有了开展研究从而写作成论文的价值；而研究意义和创新之处的识别，则需要通过和前人文献的比较来获得，因此需要回顾前人的研究成果，并对成果进行评述从而清楚地指出论文的贡献所在。关于文献综述的撰写将在下一章详细介绍。

内容⑤回答了"研究的具体问题是什么"。这里需要对论文的研究内容做精确表述，并指出研究的重点。题目尽管也承载了这一功能，但囿于字数所限无法做详细说明，在绪论中需要通过语句把内容范围和主次关系进一步表达出来。

内容⑥回答了"大致如何开展研究"，即研究过程的设计。这包含了逻辑链条每个环节的具体做法，特别是使用何种理论作为研究框架，使用何种数据和数据分析方法进行实证研究。尽管只是"大致"概述，不需要把所有步骤都详细列出来，但需要展现逻辑链条的基本形态，提供所使用的理论和实证方法的具体名称。

4.3　重点部分的撰写

4.3.1　研究背景

例如，题目为"某新型数码家电产品中小城市营销策略研究"。研究背景就需要说明为什么产品现在产生了要进行营销策略制定的需求。这可能基于两方面原因。一是这是一种新产品，本身有一个发现市场定位进而调整营销策略的过程；二是企业的产品推广已经覆盖了一二线城市，面临进入三四线中小城市的转变。其需要梳理清楚哪一个是主要动因，也就是后面研究需要针对的主要问题。如果是后一个，那么在背景介绍时就需要着重从三四线城市市场对该产品发展的重要性进行切入。

研究背景撰写中的常见问题是叙述重点不能紧密围绕文章的研究重点。在上面例子中，有的学生可能会过多着墨于该新型产品目前取得的市场成功，或者描述在国家层面政策的积极推动，或者介绍数码家电作为一类新产品在未来巨大的市场潜力。这些当然都是研究背景的一部分，但简要描述这些之后，介绍的重点应落脚在"中小城市市场"这个主要动因上，点出该产品在中小城市缺乏可借鉴的营销模式这一困境，进而才能引出后面的解决过程。总之，研究背景的撰写不必追求篇幅，但要突出重点。

4.3.2　研究意义

研究意义从大的方面来看分为理论意义和实践意义两类。理论意义指对学术理论体系的贡献，这是专业学位论文所不强调的。实践意义指对现实活动产生的价值。专业学位论文重在实践意义，通常可以为同类企业或机构在面临相似问题时提供借鉴。前面数码家电的例子，研究意义可以表述为"为其他新型家电产品在三四线市场的营销策略制定提供了借鉴""为其他数码家电产品的市场营销方案制定提供了参考"。

研究意义撰写中常见的问题有两个。一是过分夸大研究意义。将文章所能产生的启示拔升到全国或者全部行业的高度。需要避免这种口号化抽象化的倾向，保持学术文章的客观性。二是拼凑研究意义。特别是追求文字结构上的对称，有了实践意义，还要拼凑出一个理论意义。不同专业的论文对于研究意义的要求不同，专业学位论文只需具有实践意义。

4.3.3 创新之处

上一章在介绍选题时所提到的那些基于文献来扩展选题的视角，都可以成为文章创新之处的来源，如研究对象的创新、研究数据的创新、研究方法的创新等。不过与研究意义一样，创新之处也不是专业学位论文所强调的方面，对其的描述不应夸大。特别对于专业学位学生来说，由于其在理论储备和文献积累方面都相对薄弱，这意味着很可能存在一些文献，它们与论文的主题相关但囿于学生自身阅读能力并未被发现，因此在通过与既有文献比较来提炼创新之处时，需要格外谨慎。在具体措辞上，需要尽量缩小创新面向的范围。笼统地表述为"存在研究对象的创新"可能有托大之嫌，需要使用具体的描述方式，如改为"将已有××理论/分析方法引入到新的对××产品的分析中"。专业学位论文只要求微小的边际创新即可，能够列举一两点创新之处已足够，不需要面面俱到。

4.3.4 研究方法

绪论中关于研究方法的描述不能是泛泛的方法大类，必须扼要指出实际所采用的具体技术。例如，不宜将研究方法直接写作"使用了统计分析法"，而应该写明是哪一种统计方法，如"使用主成分分析法"。如果绪论采用书籍体例、单列小节来介绍研究方法，可以先对方法进行归类描述再详细说明，即先列出类别，然后再在其后逐一列示所使用的具体方法。不过书籍体例之所以将研究方法单列小节，是因为书籍中所包含的研究内容较多、研究方法也较多。而在期刊体例或者研究内容较少的文章中，将方法介绍合并在对研究过程的概述中即可。专业学位论文通常采用后一种方式。因此对于研究方法的描述一般直指所采用的具体分析技术，对此做简明陈述即可。

有的研究可能涉及多种方法，在介绍时需要指明主要方法，也就是研究的主干，其他旁枝末节可以从略。一些仅仅有所涉及但对研究逻辑推动作用不大的方法，可以不提。主要方法应放在首位进行介绍，次要方法随后。要注意方法的排列顺序是按照主次，而不是按照在正文中出现的顺序。

在数据分析类论文中，数据分析方法是主要研究方法（将在第7章详细介绍），同时还可以有其他研究方法参与补充，以进一步深化研究讨论。常被提及的研究方法有：①访谈研究法（将在第8章详细介绍）。这是指通过与研究个体进行直接交流，来获得访谈对象关于访谈问题的主观表述，从中识别特定信息。由于访谈过程能够进行追问并且可以根据需要实时调整访谈内容，因此有助于实现对信息的深入挖掘。②案例研究法（将在第8章详细介绍）。案例研究法是指通过描述和分析一个特定案例，梳理出某些决定性的情境条件。案例研究法可以用来为论文研究对象提供借鉴经验，也可以被用来佐证数据分析所发现的条件在实践中是否适用。③比较研究法。比较研究法是将多个对象放在一起比较其相似之处和差异之处，从中揭示某些共同的本质性特征或突出的特异性特征。这种方法通常用于多个主体之间的横向比较，如本企业和行业领军企业之间、本事件和之前某个代表性事件之间的比较等；也用于同一主体不同时期的纵向比较。比较研究法有助于进一步揭示研究对象的特质性。除上述方法外，还有一个常被提及的方法是文献研究法。不过需要指出的是，不是进行了文献综述就相当于使用了文献研究法。文献研究法通常指使用量化工具，对大规模文献进行多维度内容分析的研究方法。一般只有进行了量化处理才能称之为使用了该研究方法，否则就只是普通的文献综述。对于这些研究方法，与数据分析法时相同，也不能只泛泛介绍该类别，而是需要描述所使用的特定技术。

4.4　本章小结

绪论位于论文的第一部分，承担着引出下文的作用。绪论的撰写需要回答好三个问题，分别是"为什么研究这个题目""研究的具体问题是什么""大致如何开展研究"。具体来看，绪论需要囊括对论文整体的介绍，包括研究背景、研究意义、创新之处、研究内容、研究方法等；还可以延伸包含研究路线、不足之处等内容。对于专业学位论文来说，国内外研究综述（文献综述）如果不单独成章，也常常放在这一部分。同样基于专业学位论文的特点，对于上述内容的撰写不需要硬凑篇幅，可以适当从简。

在这些内容中，对于"为什么研究这个题目"，也即研究背景和意义的阐述，是绪论部分的重点。对于这两项内容的撰写不仅要详细，而且在叙述的视角上不能孤立地"就事论事"，要从引出下文的站位出发，紧密围绕论文整体的需求，重点介绍论文的背景、申明其意义。这一点是常常被学生忽略的。也就是说，不仅要把背景和意义的内容表达出来，而且表达语句的重心需要落在研究重点而不是其他地方。需要达到让读者阅读之后，能够明白为什么文章摘要提取的是那几个特定的关键词（也就是文章的研究重点所在）的程度。那些与研究重点不相关的背景或意义表述不应当出现在绪论中。

第 5 章
文献综述和理论基础

按照专业学位论文要求，文献综述和理论基础不必独立成章，可以放在绪论部分。文献综述和理论基础并不等同，学生容易混淆，因此本章将二者放在一起做比较说明。

5.1 文献综述

5.1.1 文献综述在论文结构中的作用

文献综述是对已有文献的回顾和评述。已有文献是前人的研究成果。通过回顾前人的研究，能够了解这个主题的研究工作现在已经到了什么程度：前人已经做了哪些工作，从哪些视角、使用哪些方法进行了研究？前人没有做哪些工作，其研究视角、研究方法是否有可改进之处？科学研究是"踩着巨人的肩膀"前行，因此需要了解该领域的研究现状才能知道如何在既有基础上进行改善创新，也就是清晰识别论文的贡献。文献综述就描述了研究开始的基础。

在绪论中，文献综述可以出现在关于研究意义和创新之处的介绍之前，也可以出现在介绍之后，主要起到进一步说明的作用。尽管研究意义和创新之处已经指出了论文的贡献所在，但这个贡献是如何得出的，还需要通过与既有研究的比较来提供证据，并补充更详细的说明。

5.1.2 纳入综述的文献选择

文献主要指学术文献，即期刊文章和学术著作（书籍），也包括权威机构的研究报告。与研究主题相关的文献应该被纳入文献综述，但究竟什么是"相关"、关联到何种程度，往往是学生疑惑的地方。

首先，"相关"并不是"相同"。例如，"某新型数码家电产品中小城市营销策略研究"这一题目，如果直接以"数码家电产品，中小城市，营销"为关键词进行文献检索，很可能没有任何对应文献。但这并不能说明该领域没有前人开展研究。"相关"指的是属于同类的研究问题，也就是同一研究主题。例如，检索"家电产品，中小城市，营销"或者"耐用消费产品，营销"，就会发现大量文献。

其次，"相关"的划定范围与研究问题本身的成熟度有关。在上例中，具体是选择"家电产品，中小城市，营销"还是"耐用消费产品，营销"，需要考虑文献情况。如果研究的是一个较为成熟的问题，该领域已经存在大量文献，这时候进行文献综述的范围就要缩小，甚至集中到同一研究问题上。例如，研究"反倾销政策对出口企业的影响"，相关的文献已经不胜枚举，这时候就可以只围绕这个窄题目进行综述。而如果研究的是一个较新的领域，缺少相似文献，那么综述的范围就需要放宽。如前所述"数码家电产品"的题目，可以先查看"家电产品，中小城市，营销"这个范围，如果所得研究资料仍较少，可以继续扩展到"耐用消费产品，营销"这个更大的范围。又如题目"某游戏公司海外并购策略研究"，现有文献关于游戏公司海外并购的研究较少，这时候就可以放宽到同一个大类的文化产业，如电影公司或媒体公司；如果资料仍不足则可进一步放宽，甚至放宽到企业的海外并购这个范畴。总之，文献综述一般都围绕研究主题进行，论文研究的问题只是其中一个分支。在撰写中，也需要清楚从研究主题逐步缩小到研究问题这一发展脉络。不过也要防止一上来就把范围放得太宽，不考虑文献实际直接把研究问题放宽至基本原理。如前所述游戏公司海外并购的例子，有的学生没有考虑文化产业这一层，直接从企业海外投资的经典文献说起，这也是不恰当的。

在进行文献收集时还需要注意，需要多换用关键词的同义词进行搜索。如只用"中小城市，营销"作为关键词可能发现的文献并不多，因为大批文献集中在同义词"三四线城市，销售"之中。因此必须多次尝试替换，以确保不会遗漏重要文献。同义词的发现也需要结合文献阅读，留意其中常用的同类词是哪些。

5.1.3　文献综述的撰写

文献综述包括两个方面：一个是"综"，一个是"述"。"综"即汇总归纳，对已有文献进行梳理总结；"述"即评述，对文献的贡献和缺憾进行评论。文献综述的撰写必须同时包含这两个部分。光有"综"而没有"述"，是很多学生在撰写文献综述时常犯的错误。

1. 文献综述的"综"

"综"又包含两项要求。一是全面。文献综述必须包含围绕研究主题的所有主要成果。由于涉及文献庞杂，这里主要指对研究主题下的研究分支要概括全面，不能遗漏某个分支，并且对于每一个分支都需要纳入其经典文献和最新文献。经典文献确立了这一分支，将其与其他分支区分开来；最新文献则代表了这一分支的前沿进展。经典文献和最新文献的获取都可以通过追溯的方式。可以采用的具体做法是：通过关键词搜索发现一篇相关文章：一个方向是沿着该文章的文献综述，向上追溯该文章之前的研究，通过阅读这些研究发现被普遍引用的公认具有代表性的经典文献；另一个方向是沿着该文章向下，通过查阅那些引用了该文章的文献，发现最新的研究成果，从而确定该领域的前沿。这样的双向文献追溯方式在当前的电子资源数据库中都可以实现。

二是分类。学生在撰写文献综述时常犯的错误是对文献采用列举的方式。这是要严格避免的。由于文献综述梳理的是分支，因此应当将属于同一分支的文献进行归类，每类放在一起形成一段文字描述。归类的方法并无统一要求，根据实际需要，可以按照"理论文献、实证文献"的方式，也可以按照"A视角、B视角"的方式，还可以按照"围绕外国的研究、围绕中国的研究"等方式。这些归类方法也可以被组合使用。但不管采用怎样的方式，都需要对文献进行分类，然后在类别内统筹介绍该分支的内容。

在对文献进行描述时，描述的要点包括该文献的研究内容（研究视角或研究对象），研究方法（使用的数据、数据时间、具体分析方法），以及研究结论（主要发现）。每一篇文献的描述不一定都包含全部要素，这取决于陈述的重点。例如，如果提及某篇文献是想说明论文的研究对象与其不同，那么可以只强调该文献的研究对象，而不提其采用的研究方法。又如，如果提及某篇文献是想说明既有研究在实证方面没有取得一致发现，那么就要细致介绍该文献的结论内容以及是怎样得到的，是在怎样的研究设定下、基于怎样的方法获得了正向或者反向的发现。有的学生在构思论文时会选择一篇具有代表性的文献作为学习模仿的对象，对于这样的文献需要给予比一般文献更详细的介绍。

2. 文献综述的"述"

这往往是被学生忽略的部分。评述分为两个层面：一是在回顾了一篇或者一组文献之后，指出"这些研究的优点在哪里，缺憾在哪里"；二是在"综"的部分整体结束之后，总结性地指出"前人已经做了哪些工作，没有做哪些工作，研究的可改进之处在哪里"。专业学位论文中的文献评述侧重后一个层面。

需要指出的是，评述并不需要面面俱到，而是要结合文章接下来要研究的内容。因为评述中所指出的"缺憾"和"研究的可改进之处"，正对应论文接下来的研究方向。论文的贡献正是针对既有研究存在的某一不足之处，对此进行填补。所以无须把先前研究的所有优点或缺憾都列出，只要把这一不足之处指出来就可以了，相关撰写也都围绕这一处来进行。撰写的篇幅无须过长，在回顾文献后用一段话指出即可。

5.2　理论基础

5.2.1　理论基础在论文结构中的作用

理论基础在论文结构中十分重要，因为它起到提供分析框架、统领全文的作用。论文的研究过程需要按理论基础所指示的方向展开，即使用数据分析工具的实证研究沿着这些方向进行讨论，进而在每个方向发现存在的问题，并对应给出这一方向下的解决措施。文章的逻辑发展都依附于理论基础所提供的框架，因此理论基础往往承接在引言之后、论文其他部分之前，作为开启文章正式研究的第一步。尽管专业学位论文并不要求将理论基础单列成章，但在实际中，出于其对文章结构的重要作用，仍常常将其列为独立部分。

5.2.2　适宜作为理论基础的理论选择

有一种错误观点认为凡是理论都可以用作理论基础。理论基础是要作为文章结构统领全文的，而类似 SWOT 分析、PEST 分析等学生较为熟知的理论，并不能很好实现这个目的。因此需要区分背景性理论和专业性理论。

那些适合用作研究背景归纳的理论可以被称为背景性理论。例如，SWOT 分析理论，这一理论提供了评估机构内外部环境的方法，指出可以从优势（strengths）、劣势（weaknesses）、机会（opportunities）和威胁（threats）四个方面着手。诚然，该理论提供了一种分析框架，但这一框架放诸四海皆准，几乎可以适用于任何研究问题、任何研究背景。

无论是企业战略问题还是产品营销问题，都可以从这四个方面进行梳理。然而问题在于，这一理论无法提供任何具体的改进意见。该如何去改进呢，通过发扬优势、规避劣势、抓住机会并解除威胁吗？对于任何一个研究主题似乎都可以得到这样的答案，但究竟该如何发扬或者规避，具体从哪些方面去做，该理论却并不解答。因此，这类理论只适合作为背景分析，在描述机构或者问题现状时使用，而不能用作理论基础。与之相似的还有PEST分析和波特五力模型等（第6章将具体介绍这些理论）。

与背景性理论相对，专业性理论是针对某类问题的专门理论。例如，4P理论是市场营销中的专业性理论。这个理论并不能应用于所有场景，它只能用于指导产品营销这类特定问题。如果换做一个企业战略问题，该理论就不适用了。

对专业性理论的一个直观理解就是专业教科书中所呈现的那些理论。因此当研究一个市场营销问题时，一种获取研究基础的便捷方式就是翻阅《市场营销学》课本。首先根据目录找到与论文研究问题相关的部分，然后在该部分下进一步找到适合的理论。不过课本上所给出的一般是该理论的经典原型，现实中这一理论可能有新的发展。例如，课本上的4P理论，在现实中根据强调因素的不同，又被引入人员（people）、过程（process）、有形展示（physical evidence）等要素形成新的7P、9P等理论；根据内涵的延伸，还产生了4C理论，即从消费者（consumer）、成本（cost）、便利（convenience）和沟通（communication）等方面进行分析。因此在依据课本进行理论选择时，也需要关注理论的新近发展，从中为研究问题匹配最佳的理论基础。

要注意的是，新的理论不一定是最优的选项，还是要看研究问题本身的具体需要。例如究竟采用4P理论还是4C理论，取决于论文的研究视角集中于哪个层面。

5.2.3　理论基础的撰写

理论基础部分的主体是介绍该理论的主要内容。例如对4P理论，需要介绍为什么这个理论被称为"4P"，每个"P"所指代的内容是什么、各项的具体含义是什么，以及说明这一理论适用于什么场景。这些需要是详细介绍。例如，对于"4P"中"价格"的含义，不能仅仅解释为消费者支付的金额，还要指出它可以成为一组包含差别定价策略的价格体系，从而为从定价体系角度发现当前存在的问题并提出解决方案，建立对应关系。

除了介绍理论的含义，还需要介绍理论的来源，即指明理论的出处和发展历程。尽管这个理论可能是从课本上发现的，但其最初来源仍然是某篇文献。正是由于该文献经过了长时间的检验、被学术界公认具有经典性和权威性，所以才得以入选教材，成为课本上的内容。因此教材实际上是由文献汇集成的。在撰写理论基础时，对理论的引用一般需要追溯到其最初来源，将初始的期刊文章或专著列为引用；不过对于一些广为人知的经典理论，也可以不列示出处，只交代其含义。

当需要追踪理论的起源和演进时，就涉及对文献的回顾。理论基础部分的文献回顾和文献综述部分有所不同。在内容上，理论基础部分只围绕该理论本身，描述理论的发展历程；而文献综述部分则是围绕文章的研究主题，描述研究问题的发展脉络。例如，论文题目是"某新型数码家电产品营销策略研究"，使用4P理论作为理论基础，那么在文献综述中，就需要围绕"数码家电产品营销策略"或者放大一些的主题进行梳理，概述其所包含的分支和各分支的发展状况；而理论基础部分则只围绕4P理论进行回顾。有的文献可能既涉及前者，又在后者上有所贡献，这时候可以根据贡献多少，选择主要的一处归入。在作用上，在理论基础部分，文献回顾并不是重点，重点仍在于介绍最终所使用理论的内容；而在文献综述部分，文献回顾就是核心内容。因此理论基础部分的文献回顾相对简略，而文献综述部分则需要详细说明并加以评述。

5.3 关于概念界定

有的论文还会出现概念界定一节，放在绪论或理论基础部分。需要指出的是，概念界定并不是论文的必须组成部分。对于一般概念，只需要在正文首次提及时加以解释即可，不需要单列小节介绍；需要单列小节的必须是文章的关键概念，一般就是出现在题目或者摘要关键词中的词语。也并不是每一个列入关键词的词语都需要特别说明其含义。要进行含义界定的词只有下面三种情况。

一是该词为新词，本身的词义需要解释。管理学领域经常诞生一些新的概念，这些概念在专门从事该细分领域研究的学者中盛行，但对于其他管理学领域的读者则相对陌生。例如，某论文题目为"避世型酒店营销策略研究"，其中"避世型酒店"并不是一个为多数读者所知的概念，一般多在酒店管理领域内使用。在这种情况下，就需要对该概念作出单独说明。

二是该词含义较多，需要指明在文章中的具体词义。例如，"数字经济"这个词，狭义上可以指直接依赖数字技术和互联网进行生产的产业和经济活动，主要包括互联网公司、电子商务；广义上可以包括技术设备制造、基础设施搭建等在内的数字技术在整个经济体系的应用。因此如果论文题目为"促进数字经济发展的行政服务模式转型"，就需要在论文中明确这里的"数字经济"指的是哪个范围。很多词语都有狭义和广义之分，这是需要进行概念界定的一种常见情况。

三是该词的含义需要针对论文的研究对象做限定。尽管"知识型员工"并不是一个管理学领域的生词，但对于论文题目"某航空公司知识型员工激励制度优化研究"而言，这个概念到底对应于航空公司的哪些岗位，是空乘、飞行员、地勤还是行政管理，答案并不显然。这时候就需要加入概念界定部分，来提供这一概念所对应的限定范围。在划定范围的同时，还需要给出划分的依据，说明为什么将这些人而不是其他人归入知识型员工行列。

需要进行范围限定的往往是那些缺乏统一衡量标准、在不同语境下有不同含义的词。又如"奢侈品管理"，关于什么是"奢侈品"，其划分标准也很模糊。如果论文想要关注奢侈品管理与一般产品管理的区别，那么并不需要细究这个划分标准，也无须作出概念界定；而如果论文的研究重点在估计奢侈品市场需求、定位目标消费人群方面，那么就需要对所研究的奢侈品具体包含哪个范围作出明确的划定，相应地也就需要添加概念界定这一小节。

5.4　本章小结

文献综述和理论基础在论文中承担着不同的功能，二者并不等同。即使有的文献既可以被视为文献综述，也可以从另一个角度被归入理论基础，也要根据其对论文的具体启示，在这两个部分加以区分。

文献综述的作用是通过对以往文献的回顾和评述，指出文章在已有文献坐标系中的具体位置，说明文章在同类主题中相对已有文献的改进之处。由于专业学位论文并不强调理论创新，因此这部分并不属于论文的重点内容，常合并在绪论部分。文献综述在撰写时包含了"综"和"述"两个方面。其中，"综"需要回顾研究主题下所有分支的经典文献和最新文献，并将其分类描述；"述"需要指出文献在哪里存在可改进之处，这一改进之处正是我们接下来要做的工作。

相比之下，理论基础部分在论文中的作用更为重要。理论基础的功能是提供论文研究的分析框架，这一框架将统领整个研究过程。从这一角度来看，尽管理论基础也不是专业学位论文所强调的内容，但常单列章节进行陈述。在对理论的选择上，学生需要注意区分背景性理论和专业性理论两类。背景性理论不能提供对特定问题分析的指导，只有专业性理论适合作为论文的理论基础。专业性理论一般可以通过检索专业课教材获得，但也需要关注该理论的新近发展。

第6章
现状和背景介绍

6.1 现状和背景介绍在论文结构中的作用

专业学位论文是围绕微观主体的一个具体问题进行研究，因此需要对该微观主体（企业或机构）本身以及问题产生的具体背景进行介绍，以使读者完整地了解研究对象的具体情况。现状和背景介绍部分尽管也包含"背景"，但其含义与绪论中的研究背景不同。绪论中的研究背景针对的是研究主题，指的是提出研究主题的缘起；而现状部分的背景则针对研究对象，指的是关于研究对象的基本概况。当研究对象侧重于微观主体或其提供的产品或服务时，对其的介绍称为"现状介绍"；当研究对象为围绕某个事件的影响时，对其的介绍称为"背景介绍"。在论文结构中，现状和背景介绍部分往往出现在理论基础之后、实证分析之前，作为由理论进入实践研究的第一步。

介绍现状和背景的目的，在于为判断论文接下来的实证研究设计是否合理提供依据。根据研究对象的具体情况，读者会思考在这样的状况下，论文选择的研究方法是否得当，其中模型或指标的设定是否合理，从而判断最终的研究结论具有多大可信度，以及在多大程度上具有可推广性。可见，现状与背景介绍部分尽管不是论文研究的核心内容，但仍提供了关于研究的关键信息。

6.2　现状和背景介绍的撰写

6.2.1　基本写法

现状和背景介绍一般分为两部分：首先对微观主体的基本信息进行简要概况描述，进而对与研究问题或事件相关的背景内容做着重描述（结合实例6-1）。

实例6-1　现状和背景介绍

题目　某新型数码家电产品营销策略研究

1.该企业的基本信息

2.该产品的基本信息和特征（包括该数码家电产品新在何处，以及数码和家电的结合与原先家电产品相比有何特征）

3.制定营销策略的背景（根据研究重点，可能是宏观环境的变化或行业环境的变化）

1.基本信息概况

因为论文是围绕某一企业或机构展开的，那么该企业或机构的基本情况是什么，是首先需要交代的内容。由于这些内容不涉及文章研究重点，因此在撰写时需要把握叙述的度，需简明扼要、不能过于繁杂。

对企业基本信息的描述通常包括以下方面：①该企业的主营业务。许多企业涉及业务众多，这里只交代主营业务，不需要全部列举。如果与文章研究密切相关的业务并非主营业务，那么这里只对主营业务作简要概况。②成立年份。经营时间可以帮助判断企业所处的成长时期。③企业性质，属于国有还是民营，是否是某一总部下属的分支机构。④所属行业。⑤企业规模。可以使用人员或资产规模衡量。⑥企业的行业地位。

对公共机构基本信息的描述可以包括：①所在省份或城市。这体现了地域特征，可提供的信息包括地理位置、人口规模、经济发展水平、城镇化水平、产业结构等。②该政府部门的职能。由于政府职能结构在地区间相似，因此在对特定层级的特定部门进行介绍时，也可以将其与其他地区同部门进行比较，说明其独有的特点。

2.重点信息介绍

重点信息即与论文研究问题紧密相关的信息。例如，研究企业的激励制度优化问题，那么在介绍了企业的基本情况之后，就需要着重介绍当前激励制度的设置情况。如果研究某政策产生的影响，那么在简要介绍了政策的实施机构和实施地区之后，就要重点描述该政策的相关内容。对事件基本信息的描述通常包括：①该事件发生的时间。②该事件发生的地点。③该事件产生影响的范围。④该事件的基本内容，如政策包含的一揽子措施。

在围绕问题或事件的信息中，提取哪些信息做详细描述，取决于论文的研究内容。例如，研究企业的激励制度优化问题，如果研究重点落在非薪酬激励方式上，那么在对当前激励制度的介绍中，就要详细介绍晋升安排、福利制度等非薪酬激励措施，对于薪酬制度的安排可以简略介绍；而如果研究重点关注薪酬激励，那么介绍就要对现有的工资制度做详细说明，非薪酬的部分则不需要细致描述。总之，即使是现状和背景介绍也要突出重点。

对于重点信息的描述有一个常见错误，就是罗列条目。例如，在介绍员工薪酬激励制度时，将所有薪酬规章制度的原文照搬上来，把工资等级规则逐一罗列；又如在介绍企业的数字化管理体系时，将各个模块、系统构造、使用规则一一展示。这些都是不正确的。对于管理学论文来说，要从管理的视角进行描述，这意味着要陈述的是原理而不是条目。在介绍员工薪酬激励制度时，应该着重介绍该制度的设计原理，也就是当初制定制度时是如何考虑工资分级和级差设定的，进而导致了现今的制度状况；而对具体制度规则只要大致描述即可。对于企业数字化管理体系，应当介绍的是该体系设计时的思路，也就是基于怎样的管理目标才划分了这些模块和系统，每个模块和系统的用意又是什么。这是管理视角和罗列条目所代表的具体执行视角的差别。在公共管理的背景下也是一样的，对于政策的介绍，需要详细描述的不是制度条文本身，而是起草制度的思路，也就是类似起草说明。

6.2.2　扩展介绍

论文的研究问题之所以被提出，很多时候是由于所处环境发生了变化。例如，之所以要研究营销策略优化，可能是因为新媒体发展导致消费者的购物习惯发生了改变——这是宏观环境的变化，或者是行业中出现了强有力的竞争对手——这是行业环境的变化。相似地，一个政策之所以出台，大多也与某种社会经济背景的改变有关，这才产生了调整的需要。在这些情况下，论文的研究重点就是有针对性地解决环境变化带来的挑战。因此现状和背景部分在介绍了微观主体和研究问题的信息之后，还要对环境变化的情况做扩展介绍。

在其他时候，尽管环境变化不是研究开展的直接动因，但也可能是其中的一个因素。例如，研究某企业的数字化转型，表面看来转型的动因是该企业的数字化程度太低，但深究一下就会发现，为什么原来与数字化程度低没有关系，现在就有了呢？很可能是因为数字化技术已经在经济中得到广泛使用，企业如果不转型就无法与上下游和客户对接——这是宏观环境的变化；也可能是因为同行业的主要竞争对手都进行了转型，使企业感到了迫切的压力——这是行业环境的变化。对于大部分研究而言，环境因素的作用都是存在的，对环境变化进行介绍是有必要的。但有时候也有例外。例如，某个企业数字化转型的直接动因是并购了海外公司，基于跨国管理的需要，要求在不同分部之间建立数字化连接。在这种情况下，只有企业的内部环境发生了改变，才不需要再增加对外部环境状况的描述。

尽管上述两类情形都需要介绍环境变化，但可以看出，其详略程度大不相同。对于那些不以环境因素为主导的研究来说，对环境背景的概况可以从简，使用一两段文字描述即可。而对于那些以环境因素为主导的研究来说，环境背景直接对应于研究重点，因此需要详加叙述，甚至进行系统梳理。用作背景分析的理论有 SWOT 分析、PEST 分析、波特五力模型等，它们也常用在这种情形下。在撰写扩展介绍时，首先需要对上述两类情形做明确区分。

最后还要提到的是，许多学生为了达到论文整体篇幅的要求而在现状和背景介绍部分拼凑字数。特别是在基本信息介绍时，长篇大论，引入很多与论文主题不相关的内容；或者在本该简略的背景介绍中使用 SWOT 等理论做深入分析。不恰当的篇幅增加会冲淡文章的研究重点，因此需要避免。

6.3　扩展介绍常用的背景性理论

SWOT 分析、PEST 分析和波特五力模型是管理类论文背景介绍部分常用的三种理论。这三种理论有各自的适用范围，常容易混淆，因此放在本节一并进行介绍和辨析。再次需要强调的是，如上节所述，这三种理论只适用于环境变化作为论文研究问题的主要动因时，用作对环境变化情况做重点描述。一般的环境因素只需要作概要描述，并不需要应用这三种理论来做系统分析。

6.3.1　SWOT 分析

SWOT 分析是一种综合评价企业或其他机构内外部环境的方法。SWOT 即优势、劣势、机会和威胁。其中优势和劣势指机构的内部环境，描述相对于竞争对手的优越之处和不足之处。机会和威胁指机构的外部环境，描述机构所面临的外部因素有利和不利的变化。外部环境的范围较广，既可以涵盖宏观层面，也可以指向行业层面。

由于同时包含内外部因素，SWOT分析是一种较为全面的分析方法。全面就意味着适用于没有特别针对性的情形。例如，某企业要为自己的产品寻找市场定位，这时候关于定位要依据何种因素做出、主要是内部因素还是外部因素，并没有明确的指向，此时就可以通过对内外部环境做综合梳理来获得线索。

SWOT分析还常用于一种情形，就是在面临一个特定因素变化时对其他因素进行梳理。例如，考察数字技术发展背景下企业的战略转型，此时有一个威胁因素的明显变化即数字技术发展（也可能是机会因素，要根据企业的具体情况确定），在此情况下可以依据SWOT框架继续梳理企业的优势、劣势、机会等三方面，从而形成在这一要素冲击下企业所面临状况的综合评估。

由上例也可以看到，SWOT分析只是提供了从四个方面进行思考分析的框架，对于四个方面的陈述不一定按照优势、劣势、机会、威胁的顺序排列，也并非要平均着墨。事实上，现实中之所以使用SWOT分析，就是为了对影响因素进行全面梳理并根据轻重缓急或影响程度进行排列，从而在纷繁复杂的环境中抽丝剥茧，综合确定最终应该选择的方向。因此SWOT分析并非只是列举因素，还需要显示出因素之间的主次关系，以利于评判。在撰写中，根据研究对象的具体情况，需要对主要因素加强分析并有所侧重，非主要因素甚至可以省略。

在具体写作中，对优势和劣势的分析可以从以下角度展开：①技术方面，如专利技术、研发能力。②组织体系方面，如低成本生产法、人才梯队、营销经验和经销商网络、供应链资源。③无形资产方面，如品牌形象、公司文化。④先发优势方面，如市场份额的领导地位。

对机会或威胁的分析更为广泛，一些可供参考的角度有：①市场需求变化，受到产品生命周期影响，或者产生新的产品细分市场。②出现新的技术，影响需求、供应链或企业组织运营方式。③出现新的行业趋势，如主要竞争对手发生了战略调整，或者行业出现前向或后向整合。④出现政策调整，发生行业政策环境的转向。⑤出现新的宏观趋势，如受到冲击或经历繁荣。

6.3.2　PEST分析

"PEST"即政治（political）、经济（economic）、社会（social）和技术（technological）。可见，PEST分析描述的只是企业或机构所面临的外部环境，并且相比SWOT分析，这一分析对外部环境讨论的层次更高。PEST分析主要关注宏观层面因素的影响。

由于背景更宏大，PEST分析事实上较少用在企业问题研究中，主要见于行业问题或公共管理问题的讨论。例如描述医药行业的发展趋势，需要考虑政策环境、国民收入、人口老龄化状况、AI辅助研发或诊断技术；描述社会医疗保险机构面临的经办模式转型，也需要考虑国家机构改革趋势、商业保险发展、老龄化带来的保险使用增加以及智能化管理工具的普及等。但是对于一个企业，特别是在行业中并不处于领导地位乃至影响十分微小的企业，宏观因素对企业经营的影响较弱，不是刻画企业决策背景的首选。企业首先应该考虑的还是行业因素，这时候波特五力模型分析或者SWOT分析可能是更好的选择。不过有的时候，当涉及企业战略这类大方向问题，或者研究对外国直接投资时东道国的选择问题，这时候需要考本国或东道国的宏观环境，那么也适用PEST分析。

在具体写作中，对政治因素的分析可以从以下角度展开：①政府治理环境，如政府职能转变、政府机构调整。需要注意的是，这里的政策主要围绕公共治理，与经济有关的政策属于经济因素。②法律环境，如法律体系完善程度、司法系统效率。③对于向外国的投资，还包括当地的政局稳定情况、与我国的外交关系等。

对经济因素的分析可以从以下角度展开：①经济发展水平，如国民收入情况、产业结构发展情况、城市化水平。②产品市场状况，如电商平台发展水平、消费者偏好变化。③要素市场状况，如劳动力增长情况、金融市场的多层次建设。④经济政策，如国家战略层面的西部大开发战略，经济整体层面的创新政策、环境政策、招商引资政策，以及涉及行业发展的特定政策，包括行业准入、强制标准、行业管制等。

对社会因素的分析可以从以下角度展开：①人口特征，如人口规模、年龄结构、受教育水平。②社会文化特征，如民众观念变化、多元文化小众文化发展。③社会组织方式，如社会福利体系、民间组织发展。

对技术因素的分析可以从以下角度展开：①新技术、新工艺、新材料出现在企业或机构领域的应用，原创技术的产业化。②突破技术壁垒封锁的状况。

同样地，PEST分析也提供了一个对各类因素进行梳理的框架，在框架内仍需要确定各个因素的相对重要性，并在叙述中体现出来。

6.3.3 波特五力模型

波特五力模型（Porter's Five Forces Model）是由美国学者迈克尔·波特（Michael Porter）提出的一种竞争态势分析框架[①]。这一模型主要用于企业问题分析。"五力"即影响企业利润的五种力量，分别指供应商的讨价还价能力、购买者的讨价还价能力、行业内现有企业竞争状况、新进入者的威胁以及替代品的威胁。其中，供应商和购买者分别是行业的上下游，而其他三个因素则描述了行业内的状况。可以看到，波特五力模型是一种对行业环境因素进行分析的工具，聚焦行业层

---

① PORTER M E. How Competitive Forces Shape Strategy [J/OL]. Harvard Business Review, 1979, 57（2）: 137-145.

面。这与SWOT分析围绕企业、PEST分析围绕宏观层面不同。

供应商的讨价还价能力，取决于相对企业的谈判能力。当供应商的数量少，所提供投入要素难以替代又对企业不可或缺时，供应商相对企业的潜在讨价还价能力就大大增强，而企业的利润空间就会被压缩。

购买者的讨价还价能力也是如此。如果购买者的数量很少，一家大型购买者对应上游许多小企业，并且所购买的产品标准化程度高、容易使用其他替代产品，那么购买者的谈判能力也会增强，从而造成企业利润的降低。

行业内现有企业的竞争状况主要体现为企业数量的多少，大量企业开展同质化经营和一家企业垄断市场的状况完全不同。

新进入者的威胁主要显示了行业进入障碍的情况。有的行业有很高的进入门槛，难点或者来自经营许可证的稀缺或者来自需要投入大量固定资产，这也是导致行业内现有企业数量少的一个重要原因。对于企业来说，企业的独有资源也可以成为阻止行业内其他企业觊觎市场份额的壁垒。

替代品的威胁则反映了企业的产品差异状况。采取各种方式积极创造与竞争者之间的产品差别，是企业留住消费者、创造需求黏性进而提高利润的常用策略。

后面三个因素，即行业内现有企业竞争状况、新进入者的威胁、替代品的威胁，其实就是经济学中决定市场结构的三要素。企业在不同的市场结构下需要采取不同的竞争策略。

使用波特五力模型进行背景分析，通常出现在研究如何应对市场竞争的竞争策略类论文中。经常使用的竞争策略通常有如下几类：产品差异化策略，即通过对产品进行外观、质量、内容组合方式、附加服务等方面的改进，使之与同行业的其他产品区分开来，形成自己的特色；集中战略，即实施市场细分，通过收缩市场聚焦某一子消费群体的方式建立细分市场优势；成本领先战略，即采取措施降低成本，取得市场份额。需要提醒的是，波特五力模型是背景分析工具，具体实施哪一类策略，还需要围绕实施操作找出有针对性的理论，作为后续研究分析的框架。

6.4　本章小结

现状和背景介绍不是论文研究的核心内容，但这并不意味着这部分就可以信马由缰、泛泛而谈。事实上，现状和背景介绍部分为读者提供了用以判断后面的研究方法是否合理、研究结论具有多大意义的关键信息。所以这一部分的文字也需要紧密围绕论文研究重点进行组织。

现状介绍和背景介绍的含义有细微不同。当研究对象侧重于微观主体或其提供的产品或服务时，对其的介绍称为"现状介绍"；当研究对象为围绕某个事件的影响时，对事件的介绍称为"背景介绍"。实际撰写中，现状和背景介绍部分内容一般分为三个层次。首先对微观主体的基本信息进行简要概况，进而对与研究问题或事件相关的背景内容做着重描述。此外，由于很多时候研究问题之所以出现是源于某种环境变化，因此还可能需要对环境变化作扩展介绍。

管理类论文在背景介绍时常用到三种理论，分别是SWOT分析、PEST分析和波特五力模型。SWOT分析主要围绕企业或机构个体层面，从企业内部环境和外部环境两个角度，将影响要素归纳为优势、劣势、机会、威胁四类。PEST分析主要围绕宏观层面，关注外部环境，将影响要素归纳为政治、经济、社会、技术四类。该方法框架宏大，主要用于行业问题或公共管理问题的背景介绍，一般不用于具体企业。波特五力模型主要围绕行业层面，从行业竞争态势角度，将影响要素归纳为供应商、购买者，以及行业内的现有企业、进入威胁、替代品威胁，共五个来源。该方法主要用于企业竞争策略问题的背景介绍。可以看到，上述理论各自有不同的适用情境，应根据论文需要进行选择。切忌一篇论文把所有背景性理论都堆砌一遍。此外，这些背景性理论所提供的都是对影响因素进行梳理的框架，具体撰写时也需要体现出各个影响因素的主次。

第7章
数据分析

7.1 数据分析在文章中的作用

　　数据分析方法依托客观实证证据实现对研究问题的深度讨论，因而成为学位论文最常采用的方法类型。需要再次强调的是，数据分析只是一种研究工具。因此数据分析可以被用于分析文章内容的各个部分。但如果将数据分析作为论文的主要研究方法，就意味着其使用必须与论文的重点内容相匹配。如果论文的重点是发现某一领域存在的问题，那么数据分析就用于发现问题的过程，数据分析的结果就直接导向描述问题所在。例如，研究营销模式优化，如果重点在剖析现有营销模式中存在的问题，那么可以采用面向消费者和经销商的问卷调查来收集数据，进而通过统计问卷调查结果获得现状存在的不足之处。另外，如果论文的重点在于针对某一问题提出解决方案，那么数据分析就作为研究解决方案的工具，数据分析结果直接指向方案设计。例如，研究企业的风险管理，重点落在找出解决方案，那么可以通过新建符合企业特点的风险管理指标体系，来作为改进当前风险管理模式的对策。总之，尽管数据分析可以被用于论文的各个部分，但仍要为文章逻辑服务。如果将其作为主要研究方法，就不能放在诸如背景介绍等不重要的部分，而要体现在论文的重点内容中。

7.2　数据来源和收集方法

7.2.1　数据概述

使用数据分析方法必须有数据，获取数据是开展研究的第一步。数据又分为一手数据和二手数据。日常在年鉴或网站上看到的统计数据、专业数据公司或机构提供的数据，这些都属于二手数据。二手数据是指由第三方生产加工所形成的数据，这些数据无论是免费的还是收费的，往往调查对象的来源广泛，使用对象的范围也很广。一手数据则是自己生产的数据，如学生自己发起调查问卷收集的数据，或者企业自身生产经营活动形成的内部数据。这类数据来源窄，往往只能支持面向特定对象的研究。例如，调查问卷是为某一研究量身定做的，难以用于其他研究；企业数据也只能分析企业自身的活动。基于管理类专业学位论文的特点，一般需要使用紧密围绕实践问题的一手数据进行研究，以实现对特定实践问题的深入挖掘。这就需要学生自主开展数据收集工作。

管理类专业学位论文通常使用的一手数据有三类，分别是调查问卷数据，企业或机构内部数据，以及爬取网页数据。其中，调查问卷是收集数据的最传统方法，网络爬取是新兴方法，而使用企业或机构内部数据则需要有数据的获取渠道。下面的小节分别介绍这三类数据的收集方法。

一些专业性很强的二手数据也可以作为专业学位论文的数据来源。例如，某药品销售数据库汇总了所要研究药品及其竞争对手的销售情况，可用作产品层面的分析。这类数据由于针对范围窄，信息的实践性强，也能够满足围绕特定实践问题进行研究的要求。

7.2.2　问卷调查设计和实施

问卷调查是收集数据的经典方法。通过面向目标群体发放问卷，询问关于研究主题的相关问题，问卷以被调查者自填的方式作答。问卷调查在社会调查、市场调查等领域有着长期广泛的应用，特别是近年来随着移动网络的发展，产生了一些专门开展在线调查的网站或应用程序，能够实现在线的问卷发放、填写、回收和数据整理，很大程度上方便了问卷调查的开展。

由于其便捷性，许多学生倾向于将问卷调查和基于调查数据的统计分析作为开展实证研究的首选工具。这里需要格外注意两点：

第一，不是所有问题都适合通过调查问卷来研究。例如，研究企业战略转型问题。面向企业普通员工进行问卷调查是不合适的，因为战略问题是企业管理层的决策，与普通员工没有关系；管理层的高瞻远瞩可能建立在普通员工看不到的各项条件基础上，因此员工的观点可能与实际需要相悖。面向普通员工的调查并不能达到研究目的。而如果面向管理层进行问卷调查，管理层的人数又决定了达不到调查所需的规模。这时候更适当的方法是使用半结构化深度访谈，通过对管理层进行访谈的方式来收集信息。可见，研究方法需要根据具体的研究主题进行选择，不能硬套入某个方法。

第二，随着互联网及大数据技术的兴起，一些传统领域的主流数据获取方式已经从问卷调查转变为基于网络的文本爬取。典型的如消费者偏好调查。原先主要采用面向消费者发放问卷的方式，现在则主要通过爬取购物网站上的评论数据来刻画偏好。这就要求学生不能拘泥于以往文献所使用的研究方法——五年前的优秀硕士论文，其分析方法放在今天可能已经不是主流。学生需要多关注前沿文献的做法。不过另一方面，非主流不一定意味着被淘汰。问卷调查仍然可以被用来收集偏好信息，只不过在使用这一方法时需要额外说明为什么选择它而不是主流方法。原因在于在研究特定问题时，问卷调查可能相比爬取方法更有优势。问卷调查的特点在于直接面向消费者进行询问，因此可以提出更细、更深的问题，达到数据爬取难以达到的信息捕获深度。因此如果要在消费者偏好研究中使用问卷调查数据，就需要在问卷设计上多下功夫，突出问卷的特点。

通过问卷调查进行数据收集通常要经历以下五个步骤：

1. 确定调查的对象和方式

开展问卷调查首先要明确调查对象是否能够被触及，调查方式是否有开展的条件。例如，计划对奢侈品消费行为进行调查，就需要能够触及奢侈品消费人群。如果只能面向班里的同学开展调查，可能无法达到研究目的，因为同学所代表的群体未必是奢侈品购买的主力。适宜的方法是在奢侈品交易的网络社区或者商场的奢侈品柜台发放问卷；如果学生本身在奢侈品相关企业就职，也可以向已有的客户群发放问卷。这些方式都能够确保调查对象范围符合目标要求。在此基础上，还要考虑调查方式的可行性。例如，计划到商场的奢侈品柜台发放问卷，消费者会配合吗？柜台工作人员会配合吗？如果这些条件不满足，调查恐怕也难以实施。

专业学位论文所要求的问卷调查并非严格的学术调查，不会过于强调抽样的准确性、样本的代表性等技术问题，因此在调查对象的代表性、调查方式的规范性上也不过于看重。很大程度上，只要基本调查范围符合研究需要，调查对象和调查方式的选择就取决于现实的可行性。如果多种方法都具备可行性，那么具有更好研究对象代表性、能够收集到更多数据的方法，就是更好的选择。

2. 问卷设计

通常的问卷结构包括三个部分[①]：①引语。介绍调查人身份、调查的大致内容、调查的目的、调查对象的选择标准（即为什么选择被调查

---

① 风笑天.社会调查中的问卷设计［M］.3版.北京：中国人民大学出版社，2014.

者进行调查）、调查数据将如何使用等，并且说明调查不会损害到被调查者的利益。这部分应当简明扼要，甚至一句话说清就可以。②指导语。介绍问卷要如何填写。例如，答案为单选还是多选、是在选项上打钩还是在题号前填写选项的序号等。③问题及答案。答案分为封闭式和开放式两种。封闭式即设置选项，要求被调查者从中选择最为合适的作为答案；开放式即由被调查者填写答案，其缺点是所得信息取决于被调查者的表达能力，并且在数据分析时需要进行额外的数字化处理。因此通常问卷选项都采用封闭式设置。

问题及答案部分是问卷设计的核心，有以下问题需要注意：

第一，问卷不仅要围绕研究主题进行提问，还需要获取被调查者的基本信息。事实上，问卷要设置哪些问题、收集哪些数据，取决于后续的数据分析，而数据分析过程一般都需要涉及被调查者的个体特征。例如，在对奢侈品消费行为进行分析时，除了关注购买奢侈品的频率、对奢侈品品牌的识别度、对奢侈品的态度这些直接归属消费行为范畴的问题，还要统计被调查者的年龄、性别、职业、收入这些基本信息，用以描述奢侈品消费群体的一般特征；在考察奢侈品偏好如何影响奢侈品消费行为时，精确识别这一影响的程度需要建立在控制其他个体特征的基础上。正是由于分析中需要这些基本信息，因此在调查时就要纳入信息收集的范围。许多学生问卷设计的缺陷就是忽略了设置关于个体基本信息的问题。

第二，如果围绕某个主题的研究有成熟的量表，那么应当使用该量表。量表本身指的是一种选项的设置方式，即通过设定一个数值范围来表达被调查者的态度，不同数值表示不同程度。最常用的是五级量表，也称李克特五级量表，即采用数字1～5来表示范围，其中1表示一个态度极端（如"非常不同意"），5表示另一个态度极端（如"非常同意"），中间数值依次表达渐进的程度。这里所说的成熟量表，是指在围绕某些主题的长期研究中，研究者已经总结出来的一套较为全面的问题体系，并且都以量表的形式作答，这已经成为关于这个主题的公认的调查方式。许多领域都有自己的成熟量表，如健康领域中存在由卫生部门制定的针对儿童发育、老年失能、精神等进行评价的多种量表，已列入国家标准；在商业领域，围绕消费者行为也有一系列包括偏好评价、意见领袖研究、行为影响因素研究等的规范量表①。学生在进行问卷设计时，如果通过文献梳理发现本研究主题中存在成熟的量表，应当采用这一量表作为问题设计的基础，其目的是使调查覆盖全面，不会产生遗漏，但这并不意味着不能对成熟量表进行修改。量表中的问题提问方式可能需要根据论文的研究对象进行调整。例如，原量表的偏好评价面向的是一般产品和一般消费者，而论文研究的产品为药品，调查对象为医生。这是一类特定的商品和特定的群体。这时候就需要根据医生群体的用语习惯来调整提问的语言，同时根据药品研究的实际，增加或者删除少量问题，从而在原量表基础上针对所研究的对象进行更有针对性的提问。

第三，选项的设置。通过选项来获取答案，意味着选项必须穷尽所有的回答可能性。不能出现被调查者发现自己的答案没有对应任何选项的情况。例如，在询问收入时，选项中应当包含"0～××元"（或"××元及以下"）和"××元以上"两类设定，以把所有的收入可能性都囊括在内；或者增加一个"其他（请填写）"的开放性选项，作为对封闭式选项的补充。这也是两类对选项进行完善的常用方式。选项设置中另一个经常出现的问题是分类标准的确定。例如，对于调查收入，直接填写数值可能对被调查者造成压力，因此一般采用设置收入段选项的方式来询问，如将"5 000～10 000元"作为一个选项。那么到底是设定成"5 000元～10 000元"好，还是"5 000～20 000元"好呢？决定

① BEARDEN W O, NETEMEYER R G, HAWS K L. Handbook of marketing scales: multi-item measures for marketing and consumer behavior research ［M/OL］. London: Sage Publications, Inc, 1999 ［2024-02-06］. https://xueshu.baidu.com/usercenter/paper/show?paperid=8658ecf912fd5f80a701a20c10271e62&site=xueshu_se.

这一划分的标准，是要使选项之间有所区分，不能使绝大多数被调查者的选择都集中在一个选项里。这个阈值可以通过预调查来设定。事实上，前面所提到的穷尽选项和决定分类标准，往往不是调查人能够根据自身经验一次性达成的，而是需要在初步设定的基础上，通过与少量被调查对象进行访谈、与同学或者同事进行交流，来获得修改建议，进而通过预调查进一步发现问题并进行修正。问卷在投入正式调查前往往要经过多轮的修改完善。

第四，问题的叙述要准确和客观。问卷的询问应当语义明确，使被调查者能够作出清楚的判断。例如，提问"奢侈品能够显示收入能力和社会地位，您同意这个观点吗"，这个观点实际上包含了"收入能力"和"社会地位"两个方面，被调查者有可能认同一个但不认同另一个，这时候就无法作出简单的是或否的选择。类似模棱两可或者有多种解释的问题都需要修改。问题的提问方式也要注意客观性，避免带有主观意味的描述。例如，上述问题还有一种问法是"奢侈品能够彰显收入能力和社会地位，您同意这个观点吗？"。"彰显"一词就带有褒扬的意味，可能给予被调查者应该提供肯定答案的暗示，因而是不恰当的。与之相比，"显示"一词就较为中性。

3. 预调查和修改

在开展正式调查之前应当进行预调查。预调查的实施方式与正式调查完全相同，其目的是发现问卷设计和调查过程中可能存在的问题，从而在正式调查中加以改进。预调查关注的具体内容包括但不限于调查方法是否可行、提问方式是否合适、选项设置是否合理、是否有其他问题需要补充以及问卷的填写时长是否合适等。预调查的规模并没有明确规定，但出于对结果进行分析的需要，一般发放问卷数量应在30份以上，如果要进行效度检验等则需要更多数量。

许多学生在开展问卷调查时会忽略预调查这一步。尽管预调查并不是问卷调查过程中的必须环节，但由于其对问卷设计和流程完善有重要作用，因而十分必要。特别是考虑到专业学位学生普遍缺少问卷调查经验，应当要求实施这一步骤。

预调查所收集的问卷只用于预调查分析，这些问卷不应当合并到最终调查中。对预调查问卷进行的分析可以用来发现当前问卷设计的不足，如通过统计答案的选项分布来确定选项的设置是否合理，以及使用更规范的信度和效度检验来深入探查问卷结构存在的问题；它还可以用来对研究问题进行初步的数据分析，以观察研究猜想是否能够得到证实。

4.调查实施和问卷回收

正式调查的实施过程需要在论文中进行详细说明，包括以下内容：①开展调查的方式，即使用何种途径、面向哪些群体、如何进行发放。这三个要素都需要指明，如写为"在本企业一级经销商微信群中，通过问卷星小程序，面向所有一级销售商进行发放"。②开展调查的时间，需要指明是在哪个时间段进行的问卷收集。③问卷的发放数量和回收数量。在上面的例子中，发放数量即该微信群内的总人数，回收数量即最终填写完成的问卷数。调查后通常需要报告的一个指标是问卷回收率，其计算公式为：问卷回收率=（回收问卷数/发放问卷数）*100%。不过对于一些面向不特定数量人群（如网络社区）进行的问卷调查，由于所触及的对象不确定，也可以不报告这一指标。

关于问卷调查需要达到的规模，并没有明确规定。从常用的统计和计量理论上来说，大于30份就可能产生有效的回归结果，但实际中这一规模往往被认为是过低的、不可信的。一般问卷规模应该达到问卷中问题数量的10倍。实践中，通常回收的问卷数量需要超过200份，才有助于支持可信的数据分析，但具体数量需要根据研究对象和问卷的情况判断。例如，研究某企业的员工激励制度，面向员工进行问卷调查，而该企业员工的总数只有70人。这时候只发放70份问卷也是可以接受的。又如研究高校学生对体育用品的偏好，面向高校学生进行调查。学生群体本身易于接触，这时候如果只调查了本学院的 100 人，就会显得工作量不足、代表性也不够。

5. 量表的评估：信度和效度检验

对于量表形式的问卷，为了判断问卷总体收集的信息是否可靠，可以在分析之前对问卷整体质量进行评估，通常采用的方法是信度和效度检验。这两类检验都属于统计分析方法，通过构造各种信度和效度指标，基于计算出来的指标值进行判断[①]。常用指标的计算都可以通过统计软件直接完成。信度和效度检验不仅用于正式调查，也应用在预调查，用来发现问卷潜在的问题。

填写量表时被调查者只需选择分数作答，因此可能出现有的被调查者草率应付、乱填一气，导致问卷调查的失败。信度即可信度（credibility），指的是问卷结果的稳定性或一致性。对信度的判断建立在这样的假设上，即被调查者如果是认真作答的话，会在回答中表现出一定的个体一致性。根据这一思路，可以发展出基于不同视角的多样化指标。例如，有的信度指标基于对被调查者的重复提问，测度被调查者们在面对相同问题进行重复回答时所给出的答案是否一致。信度检验最常用的指标是克隆巴赫系数（Cronbach's alpha），又称 alpha 信度，由李·克隆巴赫在 1951 年提出。克隆巴赫系数的原理是，同一个人在面对问卷中的多个问题时，在回答每个问题时应该表现出某种内在的一致性。所以该指标的构造基于被调查者们在每个问题上打分的差异程度和在所有问题汇总起来的总分上的差异程度。二者越相近则证明被调查者们在回答过程中的行为越一致，从而在统计学意义上认为此次问卷调查获得的信息是可信的。该指标可以直接由统计软件计算。

效度检验建立在信度检验通过的基础上。效度（validity）是指问卷能够有效反映研究目的的程度，也就是判断问卷设计是否正确。效度的评价又包含内容效度和结构效度。内容效度是指题目内容和研究目的之

---

① 罗胜强，姜嬺. 管理学问卷调查研究方法［M］. 重庆：重庆大学出版社，2014.

间的对应程度，即题目的表述是否反映了想要研究的内容。内容效度一般只需要通过诸如专家评价进行说明，经典量表可直接引用对应文献。结构效度是指研究目的之下的各个方面（也就是研究目的的结构），是否在数据中得到了有效体现。例如，围绕产品营销模式存在的问题对一线销售人员开展问卷调查，问卷设计依据 4P 理论，从四个方面进行询问，其中每个方面都设置了 3 个具体问题。结构效度主要就是依据回收的数据，使用统计学规则检验每一个问题是不是真的归属于所设计的类别。例如，产品方面的 3 个问题，是不是真的都指向了产品层面，或是其中某个实际指向的是渠道方面，出现了"张冠李戴"。在预调查中如果发现了这样的现象，则需要删除或修改这个问题，也就是对原问卷进行修改。检验结构效度最常用的方法是因子分析法，这是一种降维的统计学方法，可以实现将多个问题归为少数几个维度（称为因子）。根据具体情境，又分为验证性因子分析法（confirmatory factor analysis，CFA）和探索性因子分析法（exploratory factor analysis，EFA），前面例子描述的是验证性因子分析法，也就是在已经设定好结构需要验证的情况下所进行的检验；探索性因子分析法则用于研究目的的结构未知、需要探寻的情形。在论文已经存在以管理学理论作为问卷设计指导或者是已经存在成熟量表的情况下，主要使用验证性因子分析法。可以先利用探索性因子分析做初步检验，然后使用验证性因子分析来对结构做深入考察。这些因子分析也可以使用统计软件直接计算。

7.2.3 内部数据收集

企业或机构的内部数据是日常经营过程中产生的非公开资料。内部数据既包括企业或机构层面的财务数据、业务数据、人力资源数据等，也包括其下各职能部门围绕自身业务开展调查等活动所获得的数据。当学生特别是在职学生围绕自己的工作进行选题研究时，会涉及内部数据的使用。

相比自己开展问卷调查获得的调查数据，内部数据在收集的规范性、信息的全面性和覆盖的广度上具有一定优势。但内部数据的使用一定要符合所在企业或机构的规定，注意按所属机构的要求取得相应许可。因为撰写论文导致企业保密信息泄露而被竞争对手查知的事件并不鲜见。因此在使用内部数据时，一般会隐去所在企业或机构的名称，并且在进行现状和背景介绍时对相关信息做模糊化处理。

有的内部数据来自企业或机构内部进行的课题研究。而课题研究在专门收集数据的同时，还进行了数据分析并形成了一些内部报告。学生在使用这类数据时，常常会同时引用报告中的内容。这时候要注意著作权的问题。如果学生拥有报告的著作权，并且报告是在求学期间完成的，那么可以将其中的内容作为论文正文的一部分；但如果报告的著作权归属所在机构，那么就要按文献引用的方式处理，并且关注可能出现的文字重合问题。总之，尽管一手的企业数据可以直接使用，但二手的分析结果如果不是作者原创的，就不能进入到论文中。

7.2.4　网页爬取数据

网页爬取是近年来新兴的一种数据获取方式，通过专门的计算机软件对公开网络上的网页进行文本提取，来产生数据集。获得数据集的一般步骤是：第一步，在软件中设定进行爬取的网页范围和所要爬取的信息，从网页上抓取信息条。第二步，在信息条中识别出有用的词语，进行词语提取，形成文本数据集。该数据集可用于进一步的文本分析。第三步，使用词频统计等方法，也可以形成数值型数据集，进一步用于计量等分析过程（结合实例7-1）。

实例7-1　某医疗服务网站患者评论爬取数据

1.网页爬取结果示例

用户名	发布时间	评论内容
j***E	2022.11.01	回复及时，也很专业，还给我开了处方药，希望能对我有所帮助，期待中
j***f	2021.03.11	医生态度温和，认真负责，对细节做得相当到位，患者的各种要求都能认真对待，好评

2.文本处理：文本分词示例

用户名	发布时间	评论内容
j***0	2021.11.04	体验/不好/而且/我/去过/北医/六院/坐诊/医生/完全不是/这样/的/状态/这个/医生/很/敷衍
桃***弟	2022.05.23	就让/你/买药/了

3.词云图示例

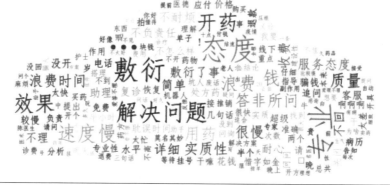

1.网页爬取

网页爬取需要使用带有网页数据提取功能的软件。网页爬取的核心是设定爬取范围和爬取信息。例如，通过点评网站爬取消费者评论，就需要设定想要爬取的网页的地址范围，以及在网页中想要爬取的具体项目（即字段）范围。如果是围绕消费者评价进行研究，要爬取的字段除了"评论内容"之外，还包括"发表评论的用户名""购买产品名称""评论内容""满意度打分"等。这些都是展示在同一个网页上的信息。

爬取的结果形成一个数据集，这个数据集记录的是关于字段的完整信息条，也就是各项目在网页上呈现的原始文本，如"评论内容"项下存储的就是一条条完整的消费者评论文字。在这些项目中，"满意度打分"虽然记录的是文本，但是文本的内容就只有单个数字，因而能够直接转为数值型变量投入到数据分析中；而对于包括"评论内容"在内的大多数项目来说，大段的文本内容很难被直接使用，还需要经过进一步的处理，提取关键词之后才能投入下一步研究。这就涉及后面分析的过程。

网页爬取阶段通常会进行的一项数据清洗工作是去重，即删除数据中完全相同或重复度过高的文本数据，仅保留一条。是否需要去重可以依据研究目的和通过对数据的观察判断。例如，通过观察"评论内容"的文字，发现部分评论有相互复制文本和重复打分之嫌，这些重复的评论很大可能是虚假的，这时候就可以将重复的评论去除。

2. 文本处理

文本处理事实上已经属于文本分析方法的一部分，需要借助具有文本分析功能的软件来实现。文本处理的核心是提取研究所需的关键词。文本处理一般需要经过清洗、分词、去除停用词等步骤。

首先，清洗。文本数据的清洗即保留语料中的有用信息，去除噪声信息。例如，由于平台会给予超过一定字数的评论奖励，导致评论者在书写评论时对同一句话重复多次，造成爬取的评论内容文本在一条评论下存在重复语句。这时候就需要对重复的噪声信息进行删除。

其次，分词。这是指将一整句文本切分成众多独立的词语。例如，"产品的颜色鲜艳"，可以被切分为"产品/的/颜色/鲜艳"。分词是文本处理的核心环节。通过软件进行的中文分词往往基于植入系统的词典，其原理是依据词典对句子进行扫描，如果扫描到和词典相匹配的词语，那么随即进行切分。尽管通常的词语都能够被正确识别，但一些专业术语（如"4P理论"）并不包含在通用词典中，这时候就需要额外进行词典的补充，以避免分词错误。

接下来，分词后一般还要进行一轮清洗，目的是去除停用词，也就是过滤掉那些无意义的词或者对后面分析没有实际意义的词。例如，英文的"a、an、the"和中文的"的、是、吧"，以及产品评论中反复出现的该产品名称等。这些词尽管在句子中出现的频率很高，但并不意味着它们显示的是句子的主要内容，所以要在分析中去除以避免混淆，"停用"是指处理时遇到这样的词就停止、将其忽略的意思。进行清洗的范围是由使用者自己设定的。经过上述处理，所爬取文本中的核心内容就被提取了出来。

3. 词频统计

由文本型信息生成可以运算的数值型信息，一个常用的方法是进行词频统计。词频即词语出现的频率，词语出现的频率可以量化地反映该词所代表内容的重要性。例如，想要了解消费者对产品的哪个方面更为偏好，可以统计评论文本中关于"外观""质量"等词语出现的次数，提及多的表明更受到关注；又如判断不同企业开展数字化转型的程度，可以通过统计企业年报中"数字化"一词的提及次数，将其作为一个测度指标。词频统计也需要借助文本分析软件来实现。词频统计的结果除了可以形成数值型数据集，还可以用于生成词云图来进行可视化展示。词云图是一种由词语构成的类似云朵的图，在文本中出现次数越多的词在图中显示的字体越大、越显眼，因此一眼扫过词云图就可以获知文章中最主要的信息。如实例7-1所示。

在进行词频统计时，经常联合使用的一项处理为同义词替换。例如，"外观""样子""外貌"等词都表示了产品的外在形象，当统计消费者对产品的哪个方面更为偏好时，需要把它们都归入"外观"方面作为一类。同义词处理可以通过向系统引入同义词词典与文本进行匹配来实施。同义词替换可以放在词频统计之前，也可以在词频统计开展之后再择取重要的同义词进行替换。

7.3　统计和计量分析

统计和计量分析是基于数值型数据进行的运算，通过运算结果显示变量的特征或者变量之间的相互关系，从而达到挖掘数据信息的目的。其中，统计分析主要基于统计指标，更侧重于变量特征的描述；计量分析主要基于回归模型，更侧重于变量间相互关系的发现。二者也经常结合起来使用。统计和计量分析由于涉及运算，会包含数学过程。尽管具体的计算工作都可以借助专门的统计或计量软件完成，但选择怎样的分析工具也就是数学指标或模型，仍是由研究者决定的，不同工具对应于不同的研究目的。同时，由于运算最终是为了分析，所以需要围绕数据结果做解读和引申，即使是使用最基础的指标或模型，也需要在计算后加入讨论过程。

7.3.1　统计分析

统计学对于数据的研究以变量为基础。变量顾名思义指的是数值存在变异的量。例如，使用问卷调查来询问消费者关于产品的满意度，规定消费者可以在1至5中选择一个数值作为评分，此时"满意度评分"就构成了一个取值存在变异的变量，每个消费者都可以给出不同的满意度评分。正是由于取值不恒定，当大量取值汇总起来（如将问卷调查的结果汇总起来），就需要通过一定的方法来从整体上刻画该变量的特征。统计学对于特征的提取主要使用指标的方式，通过构造不同的统计指标，来挖掘不同侧面的信息。这里只介绍两类常用的统计学方法，分别是对变量的描述统计和展现变量间关系的结构方程模型。

1. 描述统计

变量取值的情况称为分布，也就是分别计算每个取值出现的次数，然后将所有取值及其对应频次汇总在一起，得到关于取值分布的状况。

在调查数据中，一个问题形成一个变量，回答就成为该变量的取值。封闭式选项的变量取值只有几个，可以直接统计每个值的出现次数并以列表的形式展示；而对于类似企业利润这样的连续变量来说，就需要使用函数来刻画分布。

对变量进行描述统计就是通过构造统计指标，来提取变量分布在不同角度的特征。常用的统计指标是均值、标准差、最大值和最小值：①均值。均值即平均值，其计算方式是每个取值乘以该值在数据样本内出现的频率（即出现频次占总频次的比重），而后全部加总起来，也就是样本内的加权平均值。均值衡量了变量的平均水平。例如，A产品的满意度评分均值为4分，B产品的满意度评分均值为2分，这就表明A产品的满意度水平总体在B产品之上。②标准差。标准差衡量的是分布相对于均值的离散情况。例如，同样计算得到A产品和B产品的均值都3分，B产品的评价可能分散在两端，选择5分和1分的消费者都很多；而A产品的评价则较为集中，都位于3分左右。这两种情况下消费者对于产品的实际感受是有差别的。为了反映这种差异，除了用平均水平刻画分布外，还要考察取值的离散程度。标准差的构造就基于每个观测值与均值之间的差距。标准差的平方形式即方差。③最大值和最小值。除了标准差之外，最大值和最小值也是显示取值离散程度的一种指标。尽管变量的取值范围在封闭式选项中是被设定好的，但在其他情况下，并没有限制，因此需要了解变量在样本内的取值范围。

2.结构方程模型

统计指标也可以用于变量间相关关系的计算。例如，前面提到的用于检验效度的因子分析，其中对观测变量与因子之间归属关系的判定就依赖"因子载荷系数"的计算，该系数衡量了二者的相关程度。基于因子分析，还可以进一步判断各因子之间的作用路径，即进行路径分析。例如，在满意度评价中析出的四个因子为"感知质量、用户期望、感知价值、用户满意"，根据理论，其预期作用路径可能是"用户期望"对

"感知质量"产生影响，二者共同影响"感知价值"，而"感知价值"又影响"用户满意"。这就形成了因子之间的影响关系结构。对影响关系结构进行的验证基于一系列回归方程（本质上也是相关关系分析），通过观察回归系数的显著性和方程拟合指标来判断。这就是结构方程模型（structural equation modeling，SEM）。

结构方程模型可以被用来研究多重因素之间复杂的相互关系。严格的结构方程模型包含两步，分别是验证基于因子分析所得的测量关系和验证预期路径所表示的影响关系。因子分析的结果会在很大程度上影响路径分析的质量，因此在进行结构方程计算前需要先完成探索性因子分析和验证性因子分析。对用于结构方程的数据规模要求较高，通常需要达到200个观测值。

7.3.2　计量分析

计量即计算数量，计量分析泛指一类在社会科学领域使用数学模型刻画变量间相互关系并量化其程度的方法。计量分析的全称是经济计量分析或计量经济学分析，最早是应用统计方法来研究经济学问题，因此所使用的工具与统计分析有所交叠。但从方法上来看，计量分析主要使用回归模型而不是指标来分析变量间的关系，并且在这一过程中引入数理技术而不是单纯的统计技术来提高估算的准确性；从思路上来看，计量分析更关注变量间关系的因果性而不是统计意义上的相关性。计量分析基于回归模型进行研究，对于专业学位论文来说，由于对分析技术要求不高，实际使用最多的是基础的多元线性回归模型。有的论文在进行政策评估时也使用略有变化的双重差分模型。这里主要介绍这两种工具。其他方法可以在计量经济学教科书中获得。

1. 多元线性回归模型

多元线性回归方程的基本形式为：

$$y_i = \alpha + \beta_1 x_{1i} + \beta_2 x_{2i} + \varepsilon_i$$

　　其中等式左边的变量（即 y）称为因变量，右边的变量（即 x_1 和 x_2）称为自变量。当右边的自变量发生数值变动时，左边的因变量会以自变量变动幅度乘以其前面系数的方式同步发生变化。因此这个模型反映的就是等式左右两边变量之间的相关关系。这种相关关系的背后可能有因果性，也就是由于自变量的取值发生了变动，才导致因变量发生了相应的变化。究竟是单纯的相关关系还是存在因果关系，在严格的计量经济学论文中是需要论证的。但对于专业学位论文来说，由于没有严格的方法要求，可以直接做因果性解读。

　　在方程的右边，自变量 x_1 和 x_2 被设定为按照简单线性加总的方式来影响 y，因此该模型被称作"线性回归模型"；由于自变量超过一个，所以被称为"多元线性回归模型"。系数 β 表示的是自变量和因变量之间协同变化的幅度，这是研究主要关注的对象。设定了模型的形式（也就是 x_1 和 x_2 如何影响 y 的方式，即 $\alpha + \beta_1 x_1 + \beta_2 x_2$），再结合数据中各变量的取值（方程中的脚标 i 即表示观测个体，如问卷调查中的一个被调查者；每个 i 的回答数据就形成一条观测值，该观测值涵盖了对应于这个人的问卷中各变量的取值 y_i、x_{1i} 和 x_{2i}），就可以使用一定方法估计出 β 的值。这个估计过程就被称为"回归"。一同被估计出来的还有截距项系数 α，但对这一系数一般不需关注。ε 为误差项，是在回归方程设定中增加的一个补充项，用来平衡等式左边因变量的真实取值，以及等式右边基于模型设定和自变量真实取值所计算出来的 $\alpha + \beta_1 x_1 + \beta_2 x_2$，即因变量的预测值，二者之间的差异。选择一组能使得误差项总体最小化的系数，正是系数估计的核心原理。可供选择的估计方法有多种，一般使用的是最小二乘法。回归结果可以直接通过计量软件获得。

　　同样是量化两个变量之间的关系，计量模型和统计指标的一个重要不同之处在于，计量模型考虑到了其他相关变量的影响。例如，在计算 y 和 x_1 相关程度的时候，如果还存在一个与 x_1 有一定协同变动关系的变

量 x_2，那么使用简单统计指标计算出来的 y 和 x_1 的相关度数值，可能就不单是 x_1 对 y 的作用效果，还包含了 x_2 的影响，这样一来对 x_1 效果的估计就是不准确的。计量模型的系数显示的是在其他自变量保持不变时，这个变量单独变动所产生的影响。例如，β_1，它反映的就是在没有 x_2 变动、只有 x_1 单独变动时对 y 的影响。尽管现实中 x_1 和 x_2 也会有一定程度的共同变动，但通过计量模型回归中所使用的数理技术，能够剥离掉其他自变量的影响，从而精确地识别某个变量单独的作用。

多元线性回归模型中存在多个自变量，这些自变量又有解释变量和控制变量之分。尽管研究通常关注的是一个变量的效应（例如 x_1），但注意到还有其他产生影响的因素（例如 x_2），因此需要把这些变量都放在方程右边，以在估计时把扰动因素的作用都剥离出去。尽管所有自变量在模型中和回归时的位置是平等的，但它们的意义不同，有的是要考察的重点、有的只是为了控制干扰才加入的，因此分别以解释变量和控制变量的类别加以区分。对于解释变量（x_1），需要围绕其系数回归结果详加解释，进行多方面讨论；而对于控制变量（x_2），则不需要对其系数进行详细说明，甚至可以不在正文中提及。这里对于自变量的分类也提示，即使研究只关注一个变量，一般也需要使用多元线性回归模型而不是一元线性回归模型，因为需要添加一系列控制变量来实现对所关注变量的准确识别。

2. 双重差分模型

在简单的多元线性回归模型中加入一些经过特殊构造的变量，还可以实现更复杂情境下的量化分析。双重差分模型就是这样一种常用的变形。

双重差分模型是政策评估中的常用工具。衡量政策效果的一个自然思路是将政策实施前后的数值进行比较，但这一做法的问题在于没有考虑政策实施对象本身的特征。例如，某城市推行了一项吸引外资的政策，该市的外商企业投资规模本年度增加了20%。但20%的变化幅度完全是由政策带来的吗？该城市可能是新兴的开放城市，其外商投资额的年增长率本身就能达到两位数，20%中也包含了这一自然增长；换言之，如果把同样的政策放到另一个城市去实施，所得增长水平可能达不到20%——也就是说，政策本身的实际效果并达不到20%。由于政策实施群体固有特征的存在，导致只基于该群体进行的政策效果估算可能无法在其他群体上复现。如果这些固有特征是能够被列举的，可以将其列为控制变量，加入以政策实施作为解释变量的多元线性回归方程中，来实现政策实施效果的单独识别；不过在现实中，诸如城市与城市之间、人群与人群之间的差异，是很难被完全列举的。双重差分的目的是通过构造两次差分，从技术上剔除政策实施群体固有特征的影响，从而得到单纯由政策本身产生的净效应。其具体做法是：寻找处置组和对照组两类观测对象，其中处置组是受到政策影响的群体，对照组是没有受到政策影响的群体；分别取得它们在政策实施前后的观测数据。首先，针对两个组别的差异，在政策实施前和政策实施后对处置组和对照组进行差分，其中政策实施前的差值反映了两个组之间固有特征的差异，政策实施后的差值则包含了固有特征差异和政策实施效果两部分；然后，针对政策实施前后，将政策实施前后的两个差值再做差分，也就是在政策实施后的差值中剔除通过实施政策前差值衡量的固有特征差异，这样就得到了政策的净效果。其思路如图7-1所示。

　　基于双重差分原理的基本回归模型如下：

$$y_{it} = \alpha + \beta_1 Treated_i * After_t + \beta_2 Treated_i + \beta_3 After_t + X_{it}\gamma + \varepsilon_{it}$$

　　其中，$Treated_i$ 是一个用来区分处置组和对照组的变量，这是一个构造出来的变量，取值只有0和1，其中 $Treated_i = 1$ 表示属于处置组，$Treated_i = 0$ 表示不属于处置组也即属于对照组。这样取值只有0和1的变量被称为虚拟变量。相似地，$After_t$ 也是一个虚拟变量，用来区分政策实施前后。其中 $After_t = 1$ 表示政策实施后，$After_t = 0$ 表示政策实施前。

注意到两个虚拟变量的脚标不同。$Treated_i$的脚标是代表观测个体的i，也就是说这个变量是仅随个体变化的，一个观测个体或者属于对照组或者属于处置组，这一身份不会随时间改变；相反地，$After_t$的脚标是反映时间t的，意味着一个观测值所处的位置是否属于政策发生后，只与时间本身有关，与观测个体的身份没有关系。交乘项$Treated_i*After_t$的系数β_1反映的就是双重差分后的结果，也就是回归模型重点关注的对象。在这些变量之外，模型还要控制其他可以列举的影响政策效果的变量，这些变量通常不止一个，因此用大写的向量X_{it}表示。通过软件回归上述方程获得β_1，就可以实现双重差分分析。

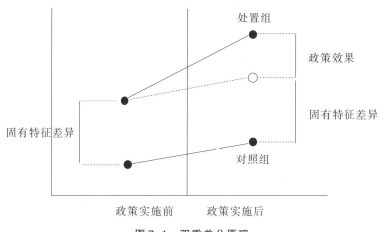

图7-1 双重差分原理

3.计量分析的一般步骤

计量分析的核心是各类回归模型，但围绕模型还有一套系统的包括介绍、使用、检验、扩展的分析过程。进行计量分析的一般步骤是：

第一，介绍回归模型和数据。模型和数据的选择对应于所要研究的问题。需要说明数据的取得过程和处理方式；需要用方程的形式列出所使用的模型。模型体现了研究问题的方法，如果研究该问题的方法有多种，还需要说明为何选择这一方法而不使用其他方法，这时候需要介绍的可能就不仅是模型本身，还有设计研究的思路。

第二，描述统计。描述统计往往和计量分析结合起来使用，用来提供关于回归所使用的数据（称为样本）的总体认识。它通常需要描述的是各变量的均值和标准差，也可以增加报告最大值和最小值。如果是使用双重差分法，还需要对处置组和对照组分别进行描述。描述统计不仅可以显示成数值表格的形式，还可以制作成图来展示。

第三，对模型进行回归。借助专门的计量软件，获得回归结果和各类统计量。需要对回归结果的含义进行解读，解读的内容主要是回归系数的显著性、作用方向（为正或为负）、系数数值大小及其所代表的实践含义。其中，显著性是一个与回归系数相关的重要评价准则，用来判断该估计系数在统计学意义上是否显著异于0。显著性可以通过软件所报告的估计系数的P值判定，通常以0.05作为标准，P值如小于0.05则认为系数是显著的，即该系数显著异于0，也就是其所对应的变量在统计意义上对因变量有显著影响；如果系数表现不显著，则说明该变量很可能对因变量并没有影响。

第四，围绕回归模型进行检验。一些方法的有效性建立在一定的前提条件基础上。例如，双重差分法，识别政策效果需要假定处置组和对照组随时间发展的自然变动趋势相同，也就是具有平行趋势。因此在开展双重差分回归后，往往还需要对上述平行趋势假定进行检验。

第五，围绕回归的基本结果进行讨论。可以采用诸如增加新的控制变量、将回归样本进行分组、变化样本的范围等方式，来丰富关于研究问题的讨论。

7.4　指标体系分析

指标体系分析一般用于评估目的。首先基于评估目标的各个维度选择对应的指标，形成多层次的指标体系；然后按照主次重要性赋予每个指标以权重；最后通过加权复合得到用于评价的单一指标值，基于该值进行研究。构建指标体系和应用指标值进行评价是指标体系分析的两个组成部分，根据研究目的，可以择二者之一予以侧重。如果论文的目的是寻找特定的适用于研究对象的评价标准，那么重点就放在指标体系的构建上，需要体现出在指标选择或权重设定上的创新；如果论文的目的是对研究对象的状况作出判断，那么重点就放在指标值的应用上，需要与同类机构或者公认标准进行比较，或者将指标值作为回归方程中的一个变量，应用计量分析展开进一步研究。

7.4.1　指标体系构建

指标体系构建是进行指标分析的基础。构建包含指标体系分层、指标选取、权重设定等步骤。

1.指标体系分层

指标体系的设计对应于评估体系。整个指标体系所展示的就是从抽象的评估理念一步步落地到具体的可测度指标这样一个过程。因此指标体系是一个分层的结构。专业学位论文中至少应包含一级指标、二级指标，进一步细化可到三级指标乃至四级指标。一级指标展示的是评估的维度，也就是评价所着眼的大的方面。每一个大方面进一步通过不同侧面来进行衡量，这就形成了该一级指标下的二级指标。二级指标又进一步细分为不同观察角度，就形成了三级指标。以此类推，最终能够被测度的指标位于最后也就是最细分的层次，其他之前的层级都可以说是对具体指标的类别归纳。

作为评价标准，指标体系必须具有权威性。完整的指标体系搭建很难通过一篇专业学位论文来完成并获得认可，因此专业学位论文所涉及的通常不是重新搭建，而是对既有指标体系的改良。作为改良基础的指标体系一般来自权威文献。特别是对于指标层级的设定，也就是一级指标和二级指标的构成，一般需要遵循既有文献的做法，避免自己盲目设置。

2. 指标选取

指标体系最终要落脚到最后一层的可测度指标。可测度指标的选取一般也需要参考既有文献。专业学位论文涉及对既有指标体系进行改良以适应论文研究对象的特征，因此往往需要新增一些指标，这时候还需要注意与上一层级指标的内涵对应。例如，有学生在关于经济结构的指标体系构建中，使用"互联网接入用户数"作为"数字经济发展水平"之下的次级指标，这是值得商榷的。因为互联网接入用户数并不能直接反映数字经济群体的发展情况，互联网接入还包括了居民以及传统企业的使用场景，所以使用互联网接入用户数作为数字经济的测度指标可能有"挂羊头卖狗肉"之嫌；但若将其用作"互联网基础设施水平"的可测度指标，就不会有争议。总之，指标的选取不仅要考虑可测度性，还要确保测度范围准确。

3. 权重设定

为了将多个具体指标复合成一个单一的代表整个指标体系的综合评价值，需要对每个指标赋予一定权重。指标权重的确定是指标体系构建中的一个难点。确定指标权重的方法大致有基于主观设定和基于数据设定两类。

基于主观设定的代表性方法是德尔菲法（Delphi method），也称专家调查法。其基本做法是，邀请专家对指标体系中的每个指标进行打分，根据每个指标所获得的分值来产生对应的权重。指标权重反映的是指标之间的相对重要性，在德尔菲法中这一相对关系是由专家经验来提供的。因此在德尔菲法中，对专家的选择就尤其重要。需要选择那些充分了解该评价领域的专业人士，一般应为企业或机构的高级管理人员或者相关部门的负责人；同时需要全面涵盖不同评价角度，即每个专家可以有不同的侧重专长，但结合起来需要能完整覆盖整体评估范围。对于专家的数量并无明确要求，但在专业学位论文实践中，一般应在10人以上，至少应包含5人。打分可以采用量表的方式。德尔菲法相对一般专家咨询的不同之处在于，需要经过多轮专家意见的收集、修正和再调查，直至最终能够达成专家共识。对于专家是否达成共识也就是打分是否一致的判断，基于统计学标准，可以通过计算相关统计指标获得。

在进行打分或设定权重时，一般应按照指标体系的层级顺序，先分配各一级指标的权重，然后再将每个一级指标所获得的权重在其下的二级指标中进行分配，依次向下。这一过程也体现了层次分析法（analytic hierarchy process，AHP）的思路。有的时候当涉及指标较少时，也可以越过初始层级直接从下面的某一层级开始。

与基于主观设定的思路不同，基于数据设定的思路是依据数据所显示的信息来判断指标的相对重要性。这一类的代表性方法是熵值法和主成分分析法。数据记录了每个指标的取值，当数据同时包含多个个体时，指标取值在个体间的变异程度，可以反映指标在提供信息方面的重要性。有的指标在个体间变异很大，这就有助于区分个体，能为评价个体的优劣提供信息；有的则变异很小，难以对个体作出区分，也就无法为评判个体提供依据。因此数据本身揭示了各指标在提供信息方面的差异。熵值法中的熵值即信息熵，就是一个反映指标所携带信息量多少、由公式计算的数值，可以作为权重设定的基础。主成分分析法（principal components analysis，PCA）是一种统计学方法，基于多个变量形成几个能够代表原始变量大部分信息的综合变量（称为主成分）。主成分分析法和前面提到的因子分析法相似，也是一种降维的方法；不同的是，因子分析法的目的是归类，而进行主成分分析法的目的是实现变量的简化。[①]对数据应用主成分分析法，可以获得各指标是如何构成各主成分的方式，也就是每个主成分中各指标的构成系数，它显示了指标在提供信息方面的重要程度，可以以此为基础构造权重。熵值法和主成分分析法都可以直接借助统计软件完成。

---

① 周俊.问卷数据分析——破解SPSS的六类分析思路［M］.2版.北京：电子工业出版社，2020.

　　需要指出的是，当通过数据来确定权重时，投入计算的数据必须包含多个个体。有的学生只使用所研究的一个企业的数据，通过纳入多个年份实现数据量的增加，以此来计算权重。这种做法尽管在软件中是可以实现的、能够获得输出结果，但在原理上不符合通过个体间比较来寻找权重的基本思路，所以是不正确的。因此当只有一个个体、无法获得其他个体数据的时候，不应使用基于数据设定的方法。

　　基于主观设定和基于数据设定这两类方法各有利弊。基于主观设定的方法可能产生主观判断的误差；基于数据设定的方法虽然看起来客观，但也容易由于数据选择而造成偏误，根据不同个体或不同时段的数据所计算出来的结果可能不同。因此基于数据的方法更适合用在指标重要性难以通过理论或实践进行判断的情况下；反之，则更适用于主观设定。二者也可以结合起来使用。例如，分别使用两类方法确定权重，然后取平均值作为最终使用的权重；或者在一二级指标权重设定上使用主观设定，在具体指标权重设定上使用基于数据的设定。总之，对于设定方法的选择需要根据研究的具体情况而定。此外，上述权重设定方法还可以用来进行指标筛选，也就是将那些被认为在论文特定研究情形下不重要的指标剔除出指标体系。

7.4.2　指标值的应用

　　在确定了指标和权重后，可以基于指标体系计算出综合指标值，这是用于分析的核心变量。综合指标值可以来与同类竞争者或者公认标准进行横向比较，从而发现自身的差距，同时可以观察到差距来自哪些具体项目；进一步还可以纳入时间维度，考察指标值随时间发展的变化趋势，进行同一主体的纵向比较。作为一个数值变量，综合指标值还可以被投入计量分析，作为回归方程中的变量，参与其他主题的研究。

　　指标体系分析中的一个特殊类型是财务指标分析。这是MBA论文中常用的一种方法。财务指标分析的特殊之处在于它是一套成熟的指标构成体系，在工商管理课程体系中甚至是一门独立课程，因此有别于一般的指标体系。财务指标分析的目的不是计算出一个综合指标值，而是力求通过指标的完善，从多个视角剖析企业的现有状况。因此财务指标分析不涉及权重设定的问题。基于企业财务数据，围绕企业经营中的风险、成本等方面，都可使用财务指标分析进行评价。其中最常见的是与绩效评价相关的主题，如并购后的绩效分析、企业转型后是否达到预期效果的评估等。

7.5　文本分析

文本分析是基于文本型数据进行的研究。围绕文本型数据进行处理的过程广义上都属于文本分析范畴，包括前面介绍网页爬取数据时提到的文本清洗、词频统计等。需要指出的是，文本分析的对象不只网页爬取的文本。网页爬取是获得文本型数据的一种方式，而文本分析是一种数据分析方法，二者不应混淆。诸如第 8 章将要提到的访谈文本，只要是文字型的资料，都可以导入文本分析软件进行分析。

下面简要介绍两种论文中常用的文本分析方法[①]：

1. 语义网络分析

语义网络分析的目的是寻找词与词之间的关系。其基本原理是统计词语之间两两出现的次数，然后通过统计标准来定义不同的亲疏程度和归纳所属主题，最终梳理成具有网络和层级结构的词语关系网。语义网络分析的使用范围很广，如在消费者评价中，可以用来识别消费者的潜在需求和主要关注点。

[①]　其他文本分析方法，可参见：李嘉，刘璇. 文本挖掘商务应用［M］. 北京：科学出版社，2021.

2.情感分析

情感分析的目的是区分文本的情感倾向，包括正面情感、负面情感和中性情感等。例如，在消费者评价中，需要了解有多少正面评论和负面评论，这时候就要基于情感分析的结果进行统计。情感分析的原理是使用情感词典与文本进行匹配，将文本中表达积极情绪和消极情绪的词识别出来。这一方法常用于涉及态度和情感倾向的识别。

7.6　本章小结

本章主要从数据来源和分析方法两个方面出发，围绕专业学位硕士论文经常涉及的内容进行介绍。这一介绍主要侧重于研究规程而不是分析工具，包括数据的收集和处理程序、每类分析方法的一般步骤和对应原理等。之所以强调规程，是因为程序是否完整，直接决定了最终的结果是否可靠。对于专业学位硕士论文来说，使用高级的技术工具并不是目的，目的是掌握系统的研究方法，这是形成研究能力的一个标志。

从数据来看，专业硕士学位论文由于侧重实践目标，一般使用一手数据进行研究。管理类专业学位论文常用的数据来源有三类，分别是调查问卷数据、企业或机构内部数据，以及网页爬取数据。除了企业或机构内部数据，调查问卷数据和网页爬取数据的收集和处理都需要遵循相应的程序规范，并会涉及软件的使用。本章详细介绍了这些程序。

从分析方法来看，常用的数据分析法可以分为统计和计量分析、指标体系分析和文本分析三个大类。每一类都是一套完整体系，因此在论文中规范地使用一种方法并不只是做一个回归模型或者计算一个指标值这样简单，而是需要完整地呈现该方法体系的所有环节。本章也详细介绍了这些环节。需要指出的是，数据和分析方法之间并不是一一对应的关系，比如网页爬取数据就只能使用文本分析方法来进行研究。收集的数据需要根据具体研究的要求，来选择不同的分析方法。

第8章
深化数据分析的其他研究方法

使用数据分析作为论文的主要研究方法，并不意味着这是论文唯一的研究方法。数据分析结果由于建立在大量观测的基础上，展现的是一种"全局观"，但对于某些特定局部细节的刻画，可能存在欠缺。这可能是因为需要控制的变量太多而样本容量不足，或者变量本身难以量化进入模型，抑或存在一些值得关注的特殊值等。这时，可以灵活使用其他方法，来补充并深化数据分析中的发现。辅助方法在使用上不一定像主体方法一样要求严谨，叙述详尽，可以进行一定程度的简化处理。在管理类学位论文中，访谈研究法和案例研究法是两类常用的辅助方法。

8.1 访谈研究法

8.1.1 访谈类型的选择

访谈是社会科学中广泛使用的一类研究方法。通过与被研究个体进行直接交流，可以深入发掘研究者想要了解的内容。访谈有不同类型：

1.结构化访谈

结构化访谈是指对所有被访者都使用相同的标准化访谈流程。标准化的内容包括但不限于访谈的问题、问题的顺序、提问的方式等，力求使访谈过程中的方方面面都统一。"结构"指的是有明确的问题设置和流程安排。结构化访谈也属于问卷调查的一种方式，只不过是采用访谈的形式来获取答案。相比自主填写形式的问卷，访谈问卷的问题往往更加抽象，回答也更多样，因此需要加入访谈人进行解释和观察。

2. 深度访谈

与结构化访谈相对应，深度访谈一般用于研究十分复杂的抽象问题，由于这些问题并非三言两句能够说清，因此访谈一般是开放式的、没有明显结构化的，主要在访谈人引导下由被访者进行自主叙述。深度访谈对每个被访者的提问问题和访谈过程并不相同，访谈时间也更长，以每轮一小时以上的三轮访谈为代表①。深度访谈本身可以作为社会学、心理学等社会科学领域论文的主要研究方法。结合深度访谈的特点，半结构化深度访谈虽然设置了访谈提纲，但并不严格按照提纲执行。提纲只是提示了访谈的大致方向，也就是想要了解的信息范围，实际访谈并不拘泥于此，提问的问题可以随访谈进展而细化或延伸。因此半结构化深度访谈既能获得具体信息，又能实现对特定信息的深入观察。

3. 半结构化深度访谈

当访谈定位于数据分析的辅助研究方法时，意味着已经基于数据分析结果产生了特定的访谈目的，要了解的信息也很具体。这时候适宜使用结构化访谈或半结构化深度访谈。具体采用哪一种取决于访谈目的和访谈对象的特征。例如，研究某政策的影响，如果想要印证关于影响的某一作用机制，可以面向受影响的个体进行结构化访谈；如果想要挖掘政策制定时的特定考虑因素，则需要面向制定政策的机构做半结构化深度访谈。又如研究企业营销模式优化问题，如果要访谈的是自己熟悉的一线营销人员，由于自己对可能涉及的问题范围和答案范围都比较了

---

① 塞德曼.质性研究中的访谈：教育与社会科学研究者指南［M］.周海涛，译.3版.重庆：重庆大学出版社，2009.

解，那么可以使用结构化访谈；而如果访谈的是企业管理层，自己对管理层决策情况知之不多，这时候就应当采用半结构化深度访谈，将问题和答案的灵活性交予被访者。

8.1.2　访谈程序

1. 被访者选择

由于访谈定位于辅助方法，因此对被访者的选择并无严格要求，以可及性为主。但被访者范围也需要体现一定的代表性。例如，研究企业层面的问题，如果访谈对象只集中在一个部门或者一个子公司，是难以产生说服力的。至少需要包含两个分支机构，但也不必要每个分支都覆盖到。

被访者的数量也没有明确要求，以能够提供围绕访谈目的的全面信息为准。如果访谈两三个人就能获得足够的信息，那么只有两三个人也可以；如果现有被访者的数量不足以覆盖全部信息，那么就需要继续追加被访者。当存在多个被访者时，被访者之间的信息理想情况下应该能互相印证并有所补充。实际中，数量的选择往往也是从可及性角度出发的。相对而言，结构化访谈所要求的被访者数量更多，随访谈深度的增加数量相应可以减少。

2. 设计访谈提纲

结构化访谈的问卷设计与前述调查问卷基本相同，半结构化深度访谈则需要在访谈前制定访谈提纲。访谈提纲需要列出所要提问的问题方向，这些初步问题来自数据分析结果所引出的研究要点。提纲的粗略程度取决于所要获取的信息。如果从数据分析结果获得的指向是明确的，所要访谈的信息也是明确的，那么可以写成详细的问题，反之则只列出问题方向即可。

需要注意的是，访谈提纲不是一成不变的，而是需要随着访谈过程进行修改，特别对是探索性质的访谈。在访谈了第一个人之后，需要结合访谈发现对提纲进行调整、补充，然后再以新的提纲访谈第二个人，之后再修改再访谈。通过这样的方式，围绕访谈目的获得的信息逐步全面。

3. 访谈过程

访谈过程分为开始导入、中间进行和结束收尾三个阶段。管理类研究主题由于实践性强，不需要过多的背景引入和总结，所以开始导入阶段和结束收尾阶段的时间较短，主要时间用在中间进行阶段的扩展上。访谈的总时间一般为30～60分钟，过短的时间不利于开展深入讨论。

在访谈过程中，访谈人需要注意的有两点：一是提问要清楚。要使被访者清楚了解问题本身，这有利于研究者获得有针对性的信息。采用直接陈述而不是迂回表述是一种好的策略。二是避免对答案进行诱导。这是访谈中经常出现的错误。首先，在提问时要避免倾向性的问法。例如，不应提问"该政策是不是对您产生了积极影响"，这种情况下被访者往往倾向于给出附和回答，容易扭曲本意；提问"该政策是不是对您产生了影响"也可能存在问题，因为对此的回答往往是简单的是或否，从而忽略了多重效应存在的可能性。更好的提问方式是"该政策对您产生了哪些影响"，让被访者自主回答；如果被访者的回答有限，可以通过追问"在某某方面有影响吗"，来进行适当引导。其次，在倾听回答时访谈人需要收敛自己的肢体动作或语言。例如，点头或者对某些陈述做"嗯、对"的肯定性回应，给被访者传递"应该说这个、不应该说那个"的信号，容易使信息产生偏差。因此，访谈人适宜保持客观倾听的姿态。

许多管理类论文的访谈对象是企业管理者或政府机构管理者。从访谈人的角度来看，这类群体的特征是职业层级可能比访谈人更高，从而使访谈人处于较为劣势的地位；同时，这些被访者的时间也往往更有限，容易因此压缩访谈时长，没有办法能够很好地解决这些问题。①访谈人可能需要在访谈前进行更充分的准备，如先访谈易于接触的低层级管理者，在此过程中不断深化对主题的了解并修改访谈提纲，之后再访谈高级管理者。在访谈过程中也需要更直接地提出问题，并勇于追问，以避免被访者在时间有限的情况下进行机械性回答。

4. 访谈记录

访谈过程需要进行记录。需要注意的是，这里的记录并非只记录要点，而是进行全过程记录。通常采用的方式是对访谈过程进行录音，之后通过软件将录音转为文字，再对转后的文字进行整理，就形成了访谈文本。访谈文本是用于分析研究形成论文内容的原料，是接下来进行访谈分析的基础。

访谈分析并不是在访谈过程中同时开展的——尽管访谈过程天然地伴有对访谈内容的思考和分析，但主要工作是在访谈后对访谈文本的研究中进行的。在研究访谈文本时往往会发现一些访谈当场没有留意到的有价值的信息——这是需要留存全记录的原因，同时显示了记录的重要性。在合作研究时，全记录也有助于其他没有参与访谈的研究者从中发现基于自己视角的有价值信息。

访谈文本通过整理录音文字稿而来。进行整理的目的是确保记录的措辞准确、断句正确，而不是要改变访谈语句的原貌。在语音转为文字的过程中，可能出现词语的误读和断句的错误，这时候需要对照录音进行修正。有的词语可能有多重含义，当不能判断被访者的意思表达时，可能需要通过回访来确认关键词的含义。整理后的访谈记录还需要进一步整理，整理的内容主要是消除访谈中的口语化现象。例如，"嗯、吧、就是"等语气助词，或者被访者边思考边回答造成的一些思路间断产生的词语重复，又或者访谈人和被访者在访谈过程中就一个没有听清的问题反复确认，由此产生的冗余文字记录。整理时可以对这部分记录进行

---

① 塞德曼.质性研究中的访谈：教育与社会科学研究者指南［M］.周海涛，译.3版.重庆：重庆大学出版社，2009.

删除，只保留最后能提供有效信息的文本。但总之，仍需要强调的是，对访谈文本的整理要尽可能保留原貌，不改变访谈者的语意，一般不替换访谈者的措辞。

8.1.3　对访谈文本的分析

对访谈文本进行研究有两种方法。传统方法即从访谈文本中识别关键信息，直接形成论文的论据。在正文中提及时，可以使用直接引用访谈语句的方法，一般对引用文字单列成段、使用楷体字并加双引号。与之相对，新的研究方法则与前一章所述文本分析法类似，通过将访谈文本导入软件进行编码分析，来识别内容要点，特别是可以从内容中归纳得出某种分析的理论框架。当以访谈分析作为数据分析类论文的辅助方法时，通常使用前者。我们也对后者做简要介绍。

1.传统方法

传统方法对访谈文本的分析主要围绕信息进行，主要步骤包括提取访谈中的关键信息、将信息按议题集中，以及对信息进行概要。这既是文字整理过程，也是研究过程。

第一，提取关键信息。通过阅读访谈文本，将那些提供了关于研究主题关键信息的内容标注出来。

第二，将信息按议题集中。由于半结构化深度访谈并非按部就班地提问，围绕同一议题的讨论可能既出现在访谈之初，又出现在访谈后期的追问中。这就需要把涉及相同议题的内容进行集中，统一整理，去掉其中信息重复的部分；对于采自访谈不同阶段、有思路递进关系的内容，添加过渡句或连接词，使之相互衔接起来。

第三，对信息进行概要描述。概要的最终呈现形式是一篇以被访者角度叙述信息的文本，包含了访谈所获取的关键信息。需要注意概要并不是改写，不是用访谈人的语句去替代被访者的语句，而只是对被访者的叙述进行凝练。首先，由于在访谈过程中被访者的信息提供是在访谈人的提示下进行的，访谈记录同时包含了访谈人的提问和被访者的回答两方面，因此概要时需要去掉问答形式，只保留被访者提供的信息。有的时候被访者没有直接提供信息，信息是在问答交流中显明的，这时要把问答过程整理成从被访者角度进行的陈述，补充进概要中。其次，访谈是口头交流，因此访谈记录所呈现的也是口语表达方式，存在口语用词和感叹、设问等语气。在概要时，需要将其转换为书面语，使用陈述语气。总之，概要是对信息的概括。最终所形成的访谈概要仍主要以被访者的原有语句和措辞构成，只不过经过了上述步骤的加工。

2.基于编码的内容分析法

访谈所形成的文本也可以用于软件支持的文本分析。但基于访谈的文本分析往往被用作扎根理论的应用。所谓扎根理论，指的是这样一种思路，即认为理论的发现应该是自下而上的，通过对资料的系统收集，可以发现构成事物本质的核心概念，这些概念联系起来就构成了新的理论。基于扎根理论的文本分析，其目的是希望通过发掘文本中的关键词，构建一套新的、用于此类问题分析的理论框架。这与上一章进行文本分析的目的迥然不同。在上一章中，文本分析是用来在某个理论框架指导下，寻找是否可以验证该理论的关键词论据。

由于扎根理论的应用较为复杂，因此在专业学位论文中并不多见。基于编码的扎根理论分析通常分为三个步骤。

第一，开放式编码。在不限定范围、没有词典的情况下，对访谈文本赋予概念。所谓"概念"，是指将原始语句的表达对象进行提炼后所形成的一个概括性短句，是对表达对象的概念化。对概念标签进行连续比较、修正和抽象化，可以得到这些概念相互聚类所形成的类别，称为"范畴"。范畴也就是对概念更高一层级的归纳。每个概念标签都归属于某个初步范畴。

第二，主轴式编码。在开放式编码获得初步范畴的基础上，进一步发现各范畴之间的关系。这种关系可以是各种各样的，如相关关系、因果关系等。由于发现的过程是每次将一个范畴作为"轴心"，围绕它与其他范畴之间的关联关系分别进行分析，所以称为主轴式编码。每一组关联关系建立后，需要识别其中的主次，再进行分类聚合，最终归纳成更大的范畴，称为主范畴。原先的初步范畴根据关联关系，归属于某个更高层级的主范畴。

第三，选择式编码。综合考虑所有主范畴，从中选择一个居于中心地位的"核心范畴"，以此为统领，将所有主范畴和初步范畴归纳为一个按照逻辑关系展开的系统的理论框架。该理论框架说明了"哪些因素在哪里，如何、为什么以及产生了何种结果"。核心范畴是由研究者来决定的。

8.2　案例研究法

在数据分析类论文中应用到案例分析的情况常见有两类。一是论文所关注的问题，在同行业或过往历史中有其他企业或机构已经进行了实践。这时候可以围绕这些实践来进行案例分析，识别其中可供借鉴的经验，以及需要依研究对象特质进行改进之处。二是当数据分析的范围过大，如偏重行业层面或者涵盖了各类主体时，为了使论文的研究重点能够落脚到微观主体，需要加入案例分析部分，来将研究问题进一步聚焦到某个企业或机构，也就是将数据分析的结果在微观层面上进一步细化。

案例分析并非简单地描述故事，其目的是通过对案例的梳理清晰地展现一些情境条件，正是基于这些条件才产生了案例的结果，通过这一过程来归纳借鉴意义。[①]当作为论文的主要研究方法时，案例研究本身需要借助问卷调查或访谈等一系列量化和质化工具完成，因而是一项系

---

① K.殷.案例研究：设计与方法［M］.周海涛，史少杰，译.5版.重庆：重庆大学出版社，2017.

统庞大的工程；但作为辅助研究方法，可以只将重点放在解析数据分析所无法触及的特定情境条件上。尽管在对特殊性进行刻画这一点上，案例研究法与访谈研究法看起来很相似，但通常其在作为专业学位论文辅助研究方法时，案例研究法主要用于刻画文章关注对象之外的企业或机构，其资料来源常为二手的网络资料或外部资料；而访谈分析法主要用于挖掘文章研究对象内部，收集的访谈记录来自一手资料。

8.2.1　案例研究程序

1.收集研究资料

由于案例研究的对象是文章关注对象之外的主体，作者对其的触及能力有限，因此常常使用基于网络的二手资料。二手资料在收集时需要格外注意其权威性和客观性。一方面，资料来源是否权威，决定了资料记载的信息是否可靠。小道消息很可能提供的是错误信息；而一篇出自权威机构的报告，本身经历了严谨的审核过程，其提供的信息更为准确。另一方面，二手资料由于经过了他人的加工，本身可能带有原作者的主观倾向。这意味着需要进行多方面信息收集，才能掌握事情的全貌。需要警惕数据收集可能产生的以偏概全现象。特别是在缺乏权威渠道时，多方面的资料收集尤其重要。

基于权威性和客观性两个方面，收集案例资料一般从以下渠道入手：

第一，一手资料，包括数据和企业或机构的内部资料。如果有一手资料，还是应当首先收集一手资料。行业协会、主管部门等会定期组织一些微观数据的采集，企业年报或机构的报告也会公开经营数据。这些数据提供了最为客观的信息，可以纳入分析中。如果能够获得企业或机构对所研究问题的内部分析报告，那么对了解其做法背后的真实思路将大有助益。但需要注意的是，如果资料来自公开的企业网站或者企业年报，其表述也需要考虑可能存在的主观性问题。

第二，学术文献和权威机构的报告。不要忽略学术文献作为资料来源的作用。围绕成功案例可能已经有文献进行了讨论，基于学术研究的规范性，这些文献所提供的信息往往较为客观全面，可以直接作为案例分析的参考。还有一类文体也是研究工作的结果，就是研究报告。一些定位于中立的机构会生产研究报告，如中国社会科学院等科研机构、联合国教科文组织等非政府组织。这些报告尽管学术性较弱、实践性较强，但其写作过程十分严谨，因此提供的信息较为可靠。一些规范的行业协会就行业整体情况所发布的报告，以及一些大型金融投资机构的调查分析报告等，如果研究规范，也可以被归入此类。与单一材料相比，报告覆盖的内容更为全面，往往涉及研究对象的多角度分析，因而有助于提供关于研究对象的全面了解。特别是由科研院所、学校等研究机构出具的报告，相比商业机构的报告更为客观；而行业协会或金融机构的报告也容易受到利益集团的影响，需要辨别其是否存在主观偏向。

第三，新闻报道和其他媒体信息。使用新闻报道需要谨慎。原因在于新闻追求时效性，因此调查研究的过程极短，对问题的观察就可能有偏；并且新闻本身一般会传递某种主观倾向，特别是非写实性的报道，只会选择某一有利的方面进行传播。互联网的发展不仅拓展了传统媒体的传播途径，还诞生了大量的自媒体，上述情形在自媒体中更为凸显。因此在使用新闻资源作为资料来源时需要注意扩大收集资料的范围，多方面收集信息，将不同来源放在一起相互印证补充，才能还原全貌。在这方面，仍旧需要注重资料来源的权威性，权威官方媒体适合作为资料来源，而自媒体通常不能列入资料来源范围。

2. 案例分析

需要再次明确，案例研究的目的是梳理一系列的情境条件。案例研究所研究的是"为什么会（why）"的问题，比如企业为什么会成功、政策为什么会取得良好效果。因此围绕案例进行分析的主要目标就是寻找针对上述问题的系统解释。

当案例研究作为辅助研究方法时，通常的分析过程基于描述性的资料梳理。步骤如下：

第一，对照之前数据分析所得结论，提出案例分析要研究的问题和待检验假设。这相当于设计案例分析部分的研究提纲。其中，研究问题是大的方向，研究假设是具体需要寻求借鉴或者落实的地方，也就是事先预计的一些关于情境条件的可能选项。研究假设直接引申自数据分析的具体结果。需要说明的是，研究问题和研究假设都用于构建案例分析的中间产品，并不出现在最终的成文撰写中。

第二，围绕研究问题，阅读案例资料，使用资料信息复原关于问题解决体系的完整情况。完整情况包括总体思路和各项构成。这里的难点是识别关于解决方案的制定思路。围绕解决问题做了哪些工作即解决体系本身是容易看到的，但为什么按照这样的方式部署、其主次安排是怎样考虑的，则需要深入挖掘。

第三，针对研究假设，放入资料中寻找论据进行验证，围绕假设检验补充细节。对于数据结果导出的可能情境条件，在资料中寻找其支持证据，这时候往往需要围绕该具体条件进一步搜集资料，挖掘相关细节。需要指出的是，这里不能为了验证假设而对资料强加解读。如果发现假设在现实中不成立，也不要回避问题，而应去寻找导致其不成立的因素并加以分析。这些因素很可能是之前没有考虑到的，可以将相关分析作为对数据分析结果的补充纳入论文。

在案例分析中，也可以加入访谈研究法、文本分析等方法。放在辅助研究方法的背景下，对这些方法的使用可以进行简化。

8.2.2　案例撰写

将案例放入论文时，其撰写方式不同于学生日常看到的管理学示范案例。第一，示范案例通常采用有意吸引读者的故事性描述，而论文中的案例需要遵循学术语言风格，使用议论文的叙述方式。这一点与论文前后的行文规范一致。第二，示范案例需要完整展现研究对象的整体情况或揭示所有来龙去脉，而作为辅助研究方法，论文中案例分析的重点在于呈现证据来突出数据分析中的某项发现。也就是说案例的撰写要密切围绕假设检验，有重点地择要陈述。

案例撰写一般分为以下几个部分：

1. 简要介绍案例的研究方法和研究过程

这包括资料的来源、整理资料的方法、搭建研究框架的思路等。由于后面的分析并不涉及复杂的质化和量化方法，因此这里介绍的重点的目的是表明资料的来源全面，显示用于研究的基础信息可靠。

2. 介绍案例分析对象的基本情况

这里的介绍方式与论文中关于现状和背景的介绍相似，但要更为简洁。只介绍基本概况，那些与案例研究问题无关的内容不须赘述。

3. 综述案例中关于研究问题的解决体系

这包括解决思路和各项构成。这是报告案例分析结果的总起。尽管这部分信息可能相对较少，但要尽量归纳出解决体系的全貌。这部分简明扼要即可，不应占据主要篇幅。

4. 具体介绍解决体系中的特定措施

这是指围绕假设检验展开详细陈述。这是报告案例分析结果的主体。需要注意，关于假设检验的陈述也不能是散点式的，要按一定框架归类和排序。由于案例分析是对数据分析结果的拓展，因此需要对应于数据分析部分开展讨论的框架。数据分析部分的框架一般也就是论文的理论基础。

5. 总结案例的分析结果

这部分有两个重点。第一个是比较。需要加入对案例研究对象和论文研究对象之间的差异性比较，并说明这些差异可能在何种程度上影响案例分析结果向论文研究对象的复制。第二个是明确指出案例所提供的可借鉴之处或落实方式是什么。在比较的基础上，提取出案例分析结果能够实际应用于文章研究对象的部分，加以归纳，从而完成对案例研究问题的解答。

8.3 本章小结

本章介绍了访谈研究法和案例研究法两类分析方法。在数据分析类论文中，它们可以与数据分析方法结合起来，作为补充数据分析结果的辅助研究方法。这些方法常用来对特定细节进行深入讨论。同数据分析法一样，访谈研究法和案例研究法也遵循一套规范程序，这也是本章介绍的重点。不过在实际应用中，由于是作为辅助研究方法，对其程序规范的要求较数据分析更低，因此部分环节可以简化。

在访谈研究法中，以数据分析为主导的专业学位硕士论文通常采用半结构化深度访谈的方式，面向选取的访谈对象开展研究。访谈前制定访谈提纲、访谈中留存访谈记录、访谈后整理和分析访谈文本，是研究的核心环节。

在案例研究法中，以数据分析为主导的专业学位硕士论文通常基于二手资料，来梳理案例中的情境条件。确保资料来源的客观性和权威性是首要前提，在此基础上，可以按照"介绍案例分析对象的基本情况—综述案例中对于研究问题的解决体系—具体介绍解决体系中的特定措施"的步骤来撰写案例。其中，对于特定解决措施的介绍是最重要的，也是需要最多着墨的地方。

第9章
问题描述和解决

9.1　问题研究与论文其他部分的关系

对论文主题的研究，分为问题描述、问题分析、问题解决三个环节。问题描述即发现问题的表现形式。例如，研究产品营销模式优化，需要找出现有营销模式中存在哪些问题，这些问题可能包括产品线配置不合理、定价偏高、营销渠道单一、缺乏有针对性的促销手段等，这是问题的具体表现形式。问题分析是对问题的成因进行探究。例如，针对营销渠道单一这一问题，需要发掘造成营销渠道过窄的原因是什么，阻碍其拓展的因素有哪些。问题解决即提出对应的解决办法。针对导致营销渠道单一的阻碍因素，如何进行克服，提出可操作的解决措施。

问题研究与前面几章所介绍的理论基础和实证分析方法之间存在密切联系。理论基础提供了思考问题的框架。例如，以"4P理论"作为"某产品营销模式优化研究"一文的理论基础，那么围绕营销模式的讨论就应当沿着"4P理论"所指明的产品、价格、渠道、推广四个方面进行。具体地，理论基础所提供的框架可以被用于问题描述、问题分析、问题解决中的任一环节，这取决于文章的研究重点。同样是围绕营销模式优化这一主题，如果论文的研究重点在于应对行业竞争加剧带来的挑战——这意味着在研究开始时并不明确需要在哪些方面进行优化——那么"4P理论"可以作为问题描述的框架，也就是使用"4P理论"的四个方面来分析现有营销模式中存在的问题，系统地梳理出潜在可改进之处。当然，如果理论基础被用在了问题描述上，那么其后对应的问题分析和问题解决也要沿袭同样的框架。另外，如果论文的研究重点是应对线上购物发展带来的转变——这意味着在研究开始时就已经明确知道当前的主要问题是没有发展好线上渠道——这时候文章的侧重点就不在于描述问题，而在于分析和解决问题，那么"4P理论"就可以作为思考分析和解决的框架，围绕如何建设线上渠道，提出包含产品、价格、渠道、促销在内的系统化解决方案。这个例子也再次说明，作为理论基础的理论，需要提供的是对论文研究主题也就是研究重点的分析框架。

相似地，实证分析方法只是一个分析工具，它也可以被用于问题研究的各个环节，同样取决于论文的研究重点。实证分析可以被用于发现问题，如通过对消费者评论数据进行分析来了解当前营销模式中存在的问题；也可以被用于分析和解决问题，如基于面向营销人员和管理人员的调查问卷分析来发现现有营销模式问题的成因，或者通过对企业经营数据的分析来探讨实施优化措施的空间。实证分析一定不能与问题研究相割裂。论文写作中的一个常见错误是没有把实证分析的定量结果与围绕问题进行描述、分析、解决的定性讨论之间建立联系。作为技术工具，实证分析需要嵌入到论文的研究逻辑中，为内容服务，才会产生意义。因此在论文写作时也需要注重反映这一关联。在进行问题研究撰写时，需要首先引用技术分析的结果，指明该问题或措施的提出是依据实证部分的哪一条结论得来的。

9.2　问题描述

9.2.1　发现问题

从论文开展研究的过程来看，在提出研究主题即交代研究背景时，就需要对具体问题所在的方向有大致定位。例如"某产品营销模式优化研究"，之所以产生优化的需要，可能是由于行业中出现了有力的竞争对手，或者是线上购物等宏观环境发生了变化，抑或其他原因。每种原因都显示了一种存在问题的大致方向。当线上购物趋势是主要动因时，就需要有针对性地围绕这个方面来发现问题，可以通过现状和背景介绍做进一步梳理；当行业竞争是主要动因时，意味着可能要全方面着手进行改进，可以借助理论指导下的实证方法来系统发掘。可见，对具体问题的发现既可以来自实证分析，也可以来自对现状和背景的分析。实证分析或背景分析在这里起到的作用就是使问题具体化。

有时候使问题具体化还要结合关于研究对象的实践。特别是使用实证分析方法归纳问题时，实证结果往往需要结合实践进行阐释。例如，使用消费者评论数据和统计方法来发现现有营销模式存在的问题。消费者评论中对产品的描述可能只能显示到"外观难看"，但"外观"究竟指什么，对于不同产品可能有不同含义。有的产品侧重颜色，有的产品侧重形状，有的产品是由多个模块拼接组成的，可能指模块之间的组合方式。具体含义就需要根据实践经验来确定，从而使"外观"方面的问题得以落实。又如分析线上购物发展对企业营销模式的影响。背景部分对于线上渠道发展的分析可能只限于市场总体角度或者行业角度，如线上与线下总体销售额的变化趋势、不同线上渠道的销售额增长情况、行业内进行线上转型的企业情况等；而具体到所研究企业，还需要进一步结合本企业的实际情况来进行问题描述，如补充本企业线下渠道受限的现状、线上渠道存在的缺失等。总之，对问题表现形式的描述需要尽可能具体，这样后续提出的解决措施才能有针对性。

9.2.2　问题描述的撰写

问题的发现要有迹可循，这就要求在列示具体问题时首先指明与前面内容的关联，以展示问题产生的逻辑。问题如果来自实证分析，就要引述相关分析结果；如果来自现状和背景分析，就要引述相应的背景细节。通常可以使用"由第×章第×节内容可知""从××内容可以看到"等来引出与之关联的内容，然后再描述具体问题。

在进行问题描述时还需要注意以下几点：

第一，切忌散点式描述，要分类归纳。例如，使用"4P理论"来发现问题，就要将所有具体问题的表现形式归纳为"4P理论"所包含的四个方面，按照这样的框架分类进行描述。注意不是只能提出4个问题，而是需要将所有问题归入四个大类。在撰写时，可以以大类名称作为小节标题，如写为"产品方面"，其下再分别列示具体问题。需要指出的是，即使只有4个问题，为了体现与理论框架的对应关系，一般也需要在小节标题中点出大类名称，如写为"产品方面，产品线配置不合理"，或者仍以大类名称作为小节标题。如果问题较为明确、不需要建立框架进行描述，则可以分为"核心问题"和围绕核心问题的"其他相关问题"两类，同样以分类方式陈述。例如，针对线上购物发展背景下的营销模式优化，当前线上渠道的缺失是主要问题，而产品设计、促销方式等不适合线上环境，也是需要改进的方面。在撰写时，可以分别以"缺少线上营销渠道""其他不适合线上营销的问题"作为小节标题，将上述发现分列其项下。

第二，描述要有主次。主要问题一般要先描述，占据较大的篇幅；次要问题放在后面，并且在篇幅上不宜超过主要问题。所有问题必须划分出主次。这是因为描述问题最终是为了解决问题，而解决问题是要区分主次的。即使是基于"4P理论"这样看起来平均着力的框架，也需要区分出在四个方面中究竟哪个方面问题最大，是需要首先解决的，并在此处更多着墨。对于那些相互不冲突的问题，也可以多个共同占据主要位置；但如果从解决措施来看相互冲突，如在营销模式中"定价过低"和"促销活动较少"两个问题会形成潜在冲突，那么就必须明确哪一个是重点。

第三，描述要具体。尽管问题是按照类别归纳的，但不能只有类别，还要按照前面所提及的使问题具体化的方式，在其下描述出具体的问题。

9.3　问题成因分析

在描述问题和解决问题之间，还要有对问题成因的分析，这是常常被忽略的。例如，发现产品方面存在的问题是颜色不好看，那么不好看究竟是因为颜色不时兴了，还是因为颜色没有和细分市场的消费者定位相匹配？这两个可能原因将形成两种截然不同的解决方案，因此明确成因就十分重要。

成因分析之所以不引人瞩目，部分原因是它可以不单独成章，常被合并在其他相关章中。例如，与问题描述部分放在一起成为"问题及成因分析"，或者与对策部分合并成为"成因分析及解决措施"。从逻辑上来看，前者是将追溯原因作为对问题进行深入描述的方式，后者是因为成因直接指向了对策提出的方向。无论采用哪种方式，"成因分析"一词应该出现在论文目录的章节标题中，以显示文章在逻辑结构上的完整性。

在撰写中，需要注意以下方面：

第一，一些成因需要进行论证。有的成因从现实来看是比较明显的，如产品定价过高是由于对需求的估计错误，这时候可以直接通过逻辑论述的方式加以分析；有的成因则并不那么明显，如颜色为什么不好看，并没有直接的原因指向，这时候就需要对成因进行发掘。同论文其他部分一样，对成因的论证可以采用多种方法，包括数据分析、对特定人员的访谈或者案例研究等。如果成因发掘不是文章的研究重点，即不是数据分析的主体，那么在方法使用上也可以适当简化。特别地，在问题描述部分通过数据分析进行一般性研究，之后在成因分析部分再通过调研访谈或者案例分析针对其中特定问题进行深入探讨，是一种常见的研究方法组合。

第二，优先纳入特定性成因。有一些成因放诸四海而皆准，如人才储备不足、资金不足、战略重视不够等，几乎可以成为造成任何问题的原因，将这些因素列入成因时需要格外谨慎。成因分析应当首先纳入那些针对研究问题的特定性成因，以切实解决该问题；对于上述通用性因素，除非其在该问题产生中发挥了关键作用，否则不应列入。

第三，所提出的成因必须是研究主体能够解决的。例如，产品当下的困境是由政策调整直接导致的，但政策因素不能被列入成因，因为政策是由政府制定的，这是企业无法左右的。企业只能从自身出发找原因。同样是政策调整带来产品困境这件事，从企业角度出发，可能是因为企业的风险管理机制不健全，因而未能及时捕捉到政策调整的风向；或者是企业的经营体制僵化，未能适应政策做灵活调整。这些才是应当被列入的原因。在分析这些原因时，也可以使用比较分析法或案例分析法与同类企业进行对比，看它们规避政策风险的着力点在哪里。

9.4　问题解决

9.4.1　问题解决与问题描述的关系

问题解决与问题描述之间的关系必须是"一一对应"的。"一一对应"的含义有两方面：一是在内容上，有问题必有对策，并且一个问题对应一个解决措施，一般不能多也不能少。问题解决直接针对该问题或者问题成因提出。二是在顺序上，按照问题描述中出现的先后顺序来排列相应对策，一般不能错位。也就是说，先解决主要问题，再解决次要问题。上述内容和顺序的关联都需要通过章节划分和章节标题在目录中直接体现出来，以使读者能够清晰识别哪个解决措施对应于哪个问题。

有的时候在"一一对应"之外，还可以补充一类对策，称为"辅助措施"或"配套措施"。例如，讨论营销模式优化，可能除了"4P理论"之外还需要建立数字化营销管理体系。这个因素尽管从现实来说也很重要，但是它出现在了理论框架之外，因此适合从围绕"4P理论"的辅助措施这一角度来进入陈述。

9.4.2　问题解决的撰写

根据"一一对应"的原则，与问题描述一样，问题解决也需要进行归类。对应于同一类问题的对策可能有很多，需要先建立分类再在类别之下逐个罗列。对策分类的小节标题在文字表述上应与问题分类相一致，尽量形成对仗工整的格式。例如，问题描述中使用"产品方面"作为类别标题，那么在问题解决中也应使用"产品方面"；如果问题描述直接以具体问题作为标题，那么问题解决的标题也应直接写为具体措施。

问题解决撰写中常犯两类错误：

一是求大求全。例如，谈到如何扩展线上营销渠道，提出的解决方案将建立自营网站、入驻电商平台、建立公众号小程序、与网红或小红书合作等方式一网打尽，给读者以"把能写的都写了"的感觉。这种做法的错误之处在于缺少落地的可行性。企业的资源有限，一般难以负担得起在所有渠道同时铺开业务，其自身的企业特征和行业特征也决定了可能不适合在所有线上渠道都进入。能够切实解决问题的真正对策一定是从现实出发，选择那些最适合企业、最有效的方式，来作为优先开展的领域，即使有其他潜在选项也是之后再逐步扩展。所以对策的提出必须考虑可行性，有重点地提出，并且按照主次顺序列在该对策类别下。缺乏提炼的盲目陈述就只能是空谈。与之相似，还有一类缺乏可行性的情况是对策与研究主体的能力范围不匹配。这也是一种对策范围盲目扩大的表现。例如，文章以企业为研究主体，提出的对策却是政府应当怎样做；又如文章以某子公司为研究主体，解决措施却是总公司的行为应如何改进。与问题描述时一样，解决措施提出也必须从研究主体的角度出发，研究主体不能自主决定的就不应列入对策中。

二是不具体。例如，谈到扩展线上营销渠道的方式，只是介绍"入驻电商平台"，而如何对平台进行选择、是加入平台自营商品还是作为第三方商家、加入几家平台，对于这些实施层面的基本要点缺乏介绍，使读者对该对策究竟将如何实施感到模糊。对策不是简单地对照问题成因描述相反的补足措施，而是需要在成因分析的基础上有所前进，前进的地方就是落地的可操作性。所以问题解决需要包含与实践相结合的操作细节，这一描述不需要非常详细，但要体现出对相关内容的切实思考。

9.5 本章小结

围绕论文主题，进行问题的描述、分析、解决，是论文的主体内容。围绕问题的研究应当沿着理论基础所设定的框架展开。在问题描述时，要依据理论框架给出的方向进行分类描述，接下来的问题分析和解决需要遵循"一一对应"原则，分别对应问题描述中的每一个类别进行成因分析和对策提出。通过这种方式，实现理论基础对全文的统领。

在数据分析类论文中，数据分析是用于论文重点部分论证的主要方法。因此数据分析集中于问题研究部分。需要再次指出的是，数据分析只是一个论证工具，因此可能出现在问题研究过程的各个环节，这取决于哪个环节是论文重点想要表达的部分。

在具体撰写时，在问题描述的每一个类别之下，对问题表现形式的陈述需要详细一些。对于专业学位论文来说，问题是直接来源于实践的，因此必须将其具体表现形式展现出来，而不能只做抽象的归纳；相应地，成因的分析和对策的提出也都需要具体，绝不可以站在总体层面泛泛而谈。同时，在撰写中还要区分出条目的主次，对于理论框架下的内容要有详有略地陈述，以更好地凸显论文研究对象的"特定性"。

第10章
结论和摘要

10.1 结论

10.1.1 结论的构成

"结论"与"结果"是有所区别的两个概念。结果是指研究方法所产生的直接发现，如数据分析的回归结果、访谈获得的访谈结果，这些都是事实性的信息。而结论则是在结果基础上形成的观点，是对事实信息的阐释和判断。在分析了研究结果之后可以得到初步的研究结论；而作为论文结构最后一部分的"结论"，又和上述结论的含义有所不同，它意味着对全文整体研究进行总结，是在初步研究结论基础上的进一步归纳和推演。因此结论部分的标题也常写为"结论及建议"，表明是在论文基本结论基础上进行延伸。

因此结论的内容也包含了两个部分。首先是对全文工作的总结。这主要是研究过程的回顾和研究结论的归纳。这里的总结是概述性的，在篇幅上无须求多，重在简明扼要。与绪论中的全文概要相比，结论由于位于整个研究过程结束之后，因此更侧重对研究结果的介绍。其次是由研究结论所引申出来的建议。注意"建议"并不一定是"政策建议"，提建议的对象应当呼应文章的研究意义。例如，论文的研究意义是"为同类型企业的发展提供借鉴"，那么建议提出的对象就是同类型企业，阐述这些企业可以如何从文章结论中获得借鉴；如果研究意义是"为政府政策制定提供支撑"，那么建议就针对政策制定部门，提示未来的政策制定可以从中获得哪些启示。总之，建议的对象可能涉及各个相关主体。由于建议部分已经属于引申，因此即使研究企业问题的 MBA 论文也可以对政府政策提出建议，这和提出对策的时候不同；不过建议部分的重点不能落脚于此，还要落到企业部门上，以使论文的研究重心可以在全文一以贯之。

10.1.2　结论的撰写

全文总结的撰写主要是概述核心研究过程，包括所研究的问题、使用的理论基础、采用的数据和实证分析方法、发现的具体问题表现形式和提出的相应对策等。撰写时只需要按上述要点交代清楚即可，不需要涉及研究背景或现状等非研究性质的内容。围绕实证分析获得的研究结果及对策是撰写的重点内容，在叙述上要给予更多的篇幅。沿着论文总结，对建议的撰写也需要区分主次来排列顺序，与研究结论关联越近、所需推演越少的放在前面，关联越远、需要推演越多的放在后面。关于提出建议的数量、针对范围以及与前面内容的对应关系，并没有明确要求，但大致应该与研究意义相对应。

结论撰写中也存在一些常见错误：

一是混淆了文章结论和实证研究结论。虽然都叫结论，但二者在论文结构中的功能不同，是相互独立的两个部分。实证研究结论是对实证分析部分的小结，承担为实证分析收尾的功能；论文结论不只是复述实证研究结论，而是要综合回顾包括对策在内的围绕研究主题的整体论证过程，体现为论证收尾的作用。论文结论也不能替代实证研究结论，在实证研究结束后不进行小结而放到论文的结论部分一并总结的做法，也是错误的。

　　二是建议部分的篇幅过长。对于学术文章来说，重要的是论证结构完整规范，因此结论作为论证结构的最后一环必须存在。而建议却不是，普通学术论文可以不包含建议部分。只不过对于学位论文来说，由于论文体裁相比其他形式要求对问题有更深入的讨论，因此结论往往需要进行引申，以体现研究内涵的拓展。但由于建议是推演，很大程度上包含了一些未被论证的内容，因此不宜大篇幅扩展，需要适可而止。此外，基于论文结构重心的考虑，对于围绕企业问题的研究来说，建议仍需围绕企业部门，不宜大量针对政府机构；围绕政府机构的研究也不宜过多提出对企业部门的要求。

10.2　论文的附录

　　在论文正文之后，可以添加对论文内容的补充说明，形成附录。附录不是必须有的，而是根据论文需要设置的。需要放入附录的一般是那些在研究过程中所形成的中间产品。它们虽然有一定的必要进行展示，但囿于正文篇幅，或者和文章逻辑主线的关联度不高，因此不能被纳入正文。

　　常见的有以下几种情况：①篇幅过大的图表。这些图表本应出现在正文中，但囿于篇幅过大，因此移入附录进行报告。这是一种必须进入附录的情况。②问卷分析所使用的调查问卷。论文的实证分析基于自主设计的调查问卷，问卷本身属于分析的原始资料，不应被放入正文，但读者可能需要通过了解完整的问题设置和问题顺序来判断问卷设计是否合理，因此需要建立附录来展示。这也是一种必须进入附录的情况。③指标体系分析中，每个观测对象的指标值。指标体系分析的一种做法是基于指标体系来计算各观测对象的指标值，然后使用这些数值进行统计分析。这时候如果认为有必要，可以将计算所得的原始数值放在附录中进行列示。④访谈分析中，详细的访谈概要。访谈在正文中的引用只是摘取部分语句，如有必要，可以在附录中提供更多的文本内容。需要指出的是，这里指的是经整理后的访谈概要，并非原始的访谈文本。⑤数据分析过程中的中间产品。例如，数据分析方法在使用时，按照程序要求进行了多项检验，但这些检验只是技术步骤，对推进论文研究逻辑没有太大作用，因此可以不放入正文，而是移入附录进行报告。⑥与正文逻辑相距较远的资料。例如，研究企业数字化转型，论文主要从管理学角度围绕转型思路进行探讨，那些关于转型系统设计的技术细节不应进入正文，但可以放到附录中进行展示。

10.3　摘要和关键词

10.3.1　摘要的结构

尽管摘要的位置出现在论文正文之前，但从写作顺序上来说，是在论文全文完成之后才进行的。摘要除了承担全文内容介绍的功能，还有一个重要作用在于说明文章的价值，引发读者的关注。因此摘要除了提供关于文章的基本信息，还需要在叙述上凸显文章的亮点。

从提供基本信息的角度，摘要对于研究过程的概述与绪论或者结论并无明显差别，也包括了对研究问题、理论基础、实证研究方法和数据、具体问题、具体对策的交代，甚至绪论或结论中的语句可以直接被摘要引用。与结论不同的地方在于，摘要还需要包括对问题提出背景、研究意义、研究创新之处的介绍，这些是判断论文价值的重要依据，所以从凸显亮点的角度，需要借此写出表明论文价值的"点睛之笔"。

10.3.2　摘要的撰写

摘要的构成一般按照正文内容的顺序来撰写，即先介绍问题提出的背景，再介绍文章的研究方法和研究结果，最后指出文章的研究意义（相当于结论部分的建议）。

学位论文摘要和期刊文章摘要存在不同，最直观的体现是篇幅。期刊文章摘要一般在250字左右，而专业学位论文摘要为600～800字。篇幅长短决定了交代上述信息的详细程度。例如，期刊文章摘要或许不需要报告数据分析结果，只需要介绍研究获得的结论，但学术论文摘要需要详细交代各项结果然后再加以阐释。由于详细程度不同，摘要的撰写不能简单参照期刊文章，而要有所扩展。扩展应围绕核心研究内容，对研究过程和研究结果给予具体介绍，对其中具有创新性的关键环节和关键结果还可以详加描述。摘要撰写常犯的一个错误是用过多的篇幅介绍研究背景，对研究过程简单带过甚至没有介绍研究结果；或者直接照搬开题报告中的摘要。论文作为研究过程的总结，相比开题时的内容不同点就在于已经开展了研究过程，因此对于研究过程和结果的介绍是主要的，也需要占据摘要中的主要篇幅。

学位论文摘要虽然也需要凸显文章亮点，但在这一点上并不像期刊文章那么强调。期刊文章摘要会在彰显文章价值上投入更多重心，因为期刊文章的研究对象范围更窄，文章评判标准就是聚焦产生的学术贡献；而学位论文着重围绕一个主题做全面深入研究，评判标准主要侧重研究的完整性和规范性，特别是对于专业学位论文，其学术贡献相对有限。因此在撰写专业学位文章摘要时，仍以清楚表达文章的研究过程为主要目的。凸显亮点可以理解为清晰展现文章的研究逻辑，也就是按照前述摘要结构进行完整的信息提供就可以。

摘要的语句尽管可以取自正文，但由于放在文章不同部分、功能有差异，其表述往往需要修正，以配合语句内叙述重点的改变。因此将正文语句放入摘要时一般都需要进行修改，甚至进行重新组织。在中文摘要之后还需要附英文摘要。对英文摘要的要求是在内容上与中文一致，其篇幅并没有严格限定。英文摘要的撰写也需要注意符合书面用语规范，不能使用口语化的表述。

10.3.3　关键词

在摘要之后需要提供论文的关键词，一般为 4 ~ 8 个名词。关键词的主要作用是作为论文检索时的匹配依据，实现论文与相关文献的准确归类，其也有向读者概要论文核心内容的作用。

由于目的是反映分类，关键词的提炼相对灵活，不需要全部是学术专有名词（如"知识型员工""医药分开改革"），只要能够反映类别归属即可（如"航空公司""社会保险经办机构"）。由于论文题目本身就是对研究范围的限定，因此关键词一般直接从题目获得，提取题目中的关键词即可。但一些研究要点特别是方法性要点，可能并不出现在题目中，这时也可以单独纳入作为理论基础的特定理论（"4P理论"），或者作为实证分析工具的特定方法（"文本分析法"）。

关键词提取中也有几点需要注意：

第一，关键词所决定的分类范围不能太大。例如，尽管"航空公司"可以作为关键词，但是"企业"就不行，因为包含的范围太广而起不到对应特定文献的作用。同样地，一般性的方法也不应被纳入关键词。例如，"多元线性回归分析"不行，但是属于多元线性回归分析下特定方法的"双重差分法"就可以。总之，基于关键词的类别划分需要形成一个适宜的范围。这个适宜程度与既有文献的状况有关。在进行文献综述时，如果发现同一研究主题下的文献众多，那么在设定关键词时就要精细些，以便把论文对应到一个更为相关的小领域；反之，如果发现紧密相关的文献很少，那么在关键词划定上就要宽松些，从而将论文归入一个更大的文献领域。

第二，由于关键词还起着向读者揭示文章核心内容的作用，因此所提到的关键词一般应当在论文中作为重点内容出现，并且在目录中能够观察到，否则也不应纳入。

第三，关键词的英文翻译需要注意术语名称的对应。特别是涉及专有名词的（如"4P理论"），需要按照文献中通常约定的术语进行翻译，不能随意直译。

10.4　本章小结

结论位于论文的最后一部分，用来呼应绪论中所提出的问题，回顾是如何研究这个问题的，以及获得了哪些发现。因此结论部分承担的首要作用是对文章的总结，从而形成论文首尾呼应的闭环。不应将结论部分的重心放在政策建议上。对于专业学位论文来说，做好研究过程的回顾、形成论文的完整结构更重要。

在撰写完全文之后，才轮到摘要的撰写。摘要也是一种对论文的总结，但侧重于全面介绍整个研究过程。摘要虽然出现在正文之前，但并不是研究背景介绍，因此主要笔墨不能用来交代问题缘起，而是要概述研究的主要方法、主要结论。需要将论文所进行的各项研究工作逐个展示出来，并且用简明扼要的语言组织起来。清晰是摘要撰写中最核心的要点。设置摘要关键词的目的是实现文献分类，关键词的提取一般依据题目，也会包含其他考虑。

第三部分：论文流程环节

第11章
开　题

11.1　开题阶段应完成的工作

开题是确定论文研究题目的过程。有的学生认为确定题目就是选好要做哪个主题的研究，拟出题目的十几个字就可以，这是错误的认识。事实上，开题阶段包含的工作量很大。如第3章选题部分所指出的，并不是每个主题都适合成为硕士学位论文的题目。论文选题除了要满足专业归属的要求之外，还要保证研究的广度和深度达到硕士层级的要求，需要确认所使用的数据资料可得、研究方法可行，并且具备一定的创新性。而要证明初拟的题目符合上述要求，就必须做很多工作。

1.确定文章的广度和深度

要确定文章的广度和深度，就要明确研究的主要内容和采用的主要方法。主要内容的规划明确了文章所涉及的范围。如研究产品的营销策略，文章是只围绕促销方式和营销渠道展开，还是也包括产品线配置？主要方法既包括理论方法也包括实证方法。明确理论方法即指明用作论文理论基础的理论，明确实证方法则需要确定是以数据分析或是案例分析抑或研究报告的方式进行实证考察。

2. 评估研究的可行性

第一，评估研究数据的可行性。如果是调查数据，需要明确面向哪个群体进行调查，计划如何开展调查。在理想的情况下，应当开展并完成预调查，这样一方面可以证明调查本身是能够进行的；另一方面也可以获得初步调查结果来佐证研究猜想。例如，围绕奢侈品消费行为的调查，需要面向奢侈品消费人群，如果学生只能面向班里的同学发放问卷，缺乏直达真正消费群体的渠道，那么这个研究也是无法进行的。如果使用的是内部数据，需要说明内部数据的来源和获取方式。是来自公开可得的上市企业年报，还是来自自身工作所能接触的机构数据？一些题目尽管是研究热点，如围绕互联网企业的主题，但如果缺乏相关企业内部数据的获取渠道，那么这项研究也是无法开展的，这个主题就不能够作为选题。如果计划使用网页爬取数据，则需要确认目标网站是否能够被爬取，是否设置了拦截限制。

第二，评估研究方法的可行性。数据分析技术多且复杂，既有文献在进行某一主题研究时所使用的方法可能难以学习，这样的研究主题在选择时也需谨慎。例如，针对网络产品消费者偏好的研究，通常采用数据爬取和文本分析技术。学生需要评估自己是否有能力精力学习这些方法，如果不能达到，则不宜选择该类题目。又如使用构造指标体系的方法进行研究，其中一个必要环节是组织专家打分，需要评估是否能够找到符合条件的专家。如果确认企业管理层是理想的专家，但自己难以接触到，那么这类题目也应避免。此外还要提醒的是，尽管专业学位论文对数据分析方法难度的要求较低，但如果该领域已经形成了主流的研究方法，也不宜轻易使用难度更低的方法。例如，该研究领域已经从早先的问卷调查分析法转为网页爬取数据分析法，那么从事这一主题的研究也应使用网页爬取数据分析法。

3. 评估研究的创新性

评估研究的创新性需要对前人已有的研究进行整理，通过与已有文献的比较得出论文的贡献所在，即开展文献综述。只有完整的文献综述才能清晰地指出论文在既有文献坐标系中的位置，从而辨明边际贡献。这是论文研究可以开展的前提。

从上述介绍可以看出，在完成了研究内容和方法、可行性论证、文献这三方面的工作之后，论文的整体结构事实上已经清晰可见了。因此如果用盖房子来比喻，开题就是为论文研究搭建框架，后续的撰写只是向这个框架中填充具体的砖瓦。如果框架搭好了，后面的"添砖加瓦"很快就能完成；相反如果框架搭不好，"添砖加瓦"也无从谈起，即使勉强开展也会面临推倒重来的风险。因此开题对于论文意义重大。开题的工作量甚至可能超过撰写的工作量，达到论文整体工作量的一半以上。

11.2　开题报告书撰写及其与论文全文的关系

开题报告书是用于开题评审的主要材料。开题报告书类似研究计划书，内容一般包括以下部分（结合附件11-1）：

附件11-1　开题报告书

一、基本情况

研究生简况	姓名		性别		出生年月	
	学号		入学时间		注册情况	
	学科、专业				是否延期	
	入学前学历、学位			毕业学校和时间		
指导教师			职称		工作单位	
论文选题情况	名称	中文题目				
		英文题目				
	是否与课题研究结合	有关☐	课题来源：			
		无关☑	自主选题☑　　　导师指定☐			

主要内容（摘要）

二、选题依据

　　阐述该选题的研究意义，主要包括选题来源、选题的依据和背景情况、研究目的、理论意义和实际应用价值，以及本人的研究基础和已有的成果积累

三、研究内容

　　1.研究思路、主要研究内容及拟解决的关键问题
　　2.拟采取的研究方法及可行性分析
　　3.选题难点及解决思路

四、论文大纲

　　要写至二级目录

五、研究进度

　　要写出论文研究过程中，理论研究、实验研究的大致安排，包括研究内容和时间进度

六、创新之处及预期成果

　　研究本选题拟采用的研究方法或预期成果中的创新之处；本研究结束后，预计会取得哪些成果

七、主要参考文献综述

文献综述，本选题的研究现状、发展动态、附主要参考文献（不少于4000字）

1. 选题依据

这包括研究背景和研究意义。其目的是说明为什么选择这个题目进行研究。与论文正文相比，开题报告中的选题依据应当包含了正文绪论中研究背景和研究意义部分要阐述的完整内容，该部分的内容可以直接移入论文正文中。

2. 研究内容

这是指列出论文要包括的研究内容和要采用的研究方法。目的是表明文章研究的整体内涵，并且证明研究具备可行性。与论文正文相比，对研究内容和研究方法的介绍都是概括性的，类似于正文摘要的写法；而可行性分析也不会出现在论文正文中。因此这一部分基本不能写入正文。但研究内容是开题评审的核心关注点，需要进行清晰而全面的陈述。

第一，介绍研究内容。研究内容的撰写可以围绕论文大纲进行，相当于给出了论文大纲的文字描述。具体内容的组织需要展现论文的研究逻辑。这意味着不光要交代各项研究内容是什么，还要交代这些组成部分是按照怎样的思路组合在一起的。通常使用逻辑连接词"首先""其次""在此基础上"等把各个研究内容串联起来，形成完整的逻辑链条。具体地，通常的撰写方式是：①介绍理论基础是什么。②分为哪几个步骤进行研究。③每个步骤下又分为哪些方面。因为是初步计划，所以对研究内容的描述不需要求多，重要的是表达清楚研究逻辑的展开过程和核心步骤。其他细节可以在研究过程中再进行补充。

第二，介绍研究方法。研究方法的介绍有两类：①概括性写法。如果文章涉及多种研究方法（如使用了文本分析法和计量分析法，或者计量分析法与访谈分析法），并且这些方法具有几乎同等的重要性，那么就需要将这些研究方法逐一介绍，这时的介绍一般是概括性的。对于每一种研究方法，只需要介绍其类别（如"计量分析法"），进而说明在文中如何具体运用（如"使用多元线性回归模型"，其中因变量、解释变量和主要控制变量各是什么），通常不需要把技术细节写出来（如不需写明多元线性回归的具体模型，或者计划如何围绕基本结果进行讨论）。这里需要注意的是，不是论文中所涉及的所有研究方法都需要介绍。例如，只计划在现状分析中进行一些与其他企业的比较，不需要列出"使用比较分析法"。这里对研究方法的介绍，目的在于说明论文的研究框架，因此指的是用于分析问题的主要方式，所以只需要列出那些构成论文分析主体的核心研究方法即可。如果还要添入其他方法，也需要在表述上分清主次，将其放入次要位置。②详细描述。如果论文只涉及一类研究方法，那么就需要对这种研究方法进行相对详细的介绍。例如，论文主要使用多元线性回归模型进行分析，那么就需要大致写出线性回归模型的形式是什么，并且说明将如何基于这个模型开展系统分析，如打算按什么标准进行分组回归或者引入怎样的调节变量。详细描述通常出现在学术学位论文中。对于专业学位论文来说，由于数据分析往往需要和访谈、案例分析等结合起来，因此多采用第一种介绍方法。

　　需要说明的是，在正文绪论中也有关于研究内容和研究方法的介绍，但其写作形式与开题报告书中有所不同。绪论中的介绍指向性更强。这是因为在开题时，关于论文具体要研究哪些内容、使用怎样的分析技术，可以是较为模糊的，只需要确定大致的内容构成和技术类型就可以，此时的描述自然是概括的。但对于绪论来说，其是正文的一部分，而正文撰写是在所有研究完成之后，因此在撰写绪论时对于研究过程具体包含了哪些内容、使用了何种分析技术，都已经有了明确结果，这时候就要针对具体内容和具体技术作特定介绍。此外，绪论在正文中只起到引言作用，其后尚有专门章节来描述实质的研究内容和研究方法，所以绪论中的介绍十分简洁；而开题报告书中的研究内容和研究方法部分就需要提供实质性介绍，所以需要填写更多的思路细节。基于上述不同，开题报告书中关于研究内容和研究方法的介绍不能被直接放入论文正文中。

第三，提供关于可行性的论证。需要注意的是，研究内容部分的撰写还需要包含可行性分析。有的开题报告书单列了可行性论证一项；对于那些没有明确列出的，也需要注意补充这部分说明，通常放在关于研究方法的介绍之下。可行性论证的方式有：①对于数据分析类论文，可行性论证需要表明研究数据可得，研究方法可行。需要指明研究数据的来源，说明自己具有怎样的条件能够获得这一数据（如研究基于企业数据，而本人在该企业工作；或者研究基于网页爬取数据，而目标网站没有设置爬取拦截）。需要指出研究拟使用的方法是成熟的、能够被掌握的（如选择计量分析中的双重差分法来研究某一政策的影响，需要说明该模型是政策影响研究中的主流模型，并且其设定简单能够被较快掌握）。类似多元线性回归模型这类数据分析教科书上常见的基础方法，通常不需要论述其可行性，但对于那些在基础模型之上进行了改造升级的特殊方法（如双重差分法），则需要额外添加说明。特殊方法的可行性通常需要引用文献证明，已有文献使用过的方法是可行的。但文献中有的方法很复杂，需要高级的编程来支持，不是专业硕士阶段能达到的，因此还需要确认自己能否驾驭这一方法。②对于其他研究方法。访谈法的可行性论证主要是确认访谈对象能否被触及。例如，研究企业战略转型涉及访谈企业总部的高管，需要证明自己有接触他们并开展直接访谈的条件。案例法的可行性论证主要集中于能否掌握企业或机构的内部资料。例如，评估某企业转型的绩效，需要证明自己能够取得该企业内部生产经营的细节资料。

3. 论文大纲

论文大纲相当于论文正文的目录，展示的是文章结构。撰写论文大纲需要注意的是，不是所有计划研究的内容都要列入大纲。很多学生会把想要写入正文的内容都通过大纲展示出来，如在"文献综述"下面又列出 "关于A的综述""关于B的综述"作为小节。需要注意，论文大纲相当于文章的目录，列入大纲意味着独立成章节，而并不是所有在论文中出现的内容都需要单列出来。只有那些对推动研究逻辑有重要意义的内容，才应该被单列，进而通过章节标题在目录中显示为逻辑链条的一个环节。尽管文献综述是一个重要的逻辑环节——因此应当独立为一小节——但这部分尤其在专业学位论文中并不是论文的研究主体，因此其下的内容不需要再细分小节。对于类似虽然应该放入正文、但不需要独立成节的内容，只需要自己记下应该放在哪个位置就好，日后在撰写时写入即可。总之，学生需要避免将论文大纲写得过繁过细的倾向。谨记大纲展示的是章节划分，需要通过划分方式凸显文章的研究逻辑。

4. 研究进度

开题报告书作为研究计划书，需要说明研究的时间安排。也就是将研究过程划分为几个阶段，说明每个阶段的工作任务是什么。通常研究进度覆盖从开题之后到论文定稿的时期，分为准备论文、撰写初稿、修改并定稿三个阶段。每一阶段的具体时间长度遵循各学校的要求。

论文准备阶段的工作一般包括：收集相关文献，梳理国内外研究现状，进而进一步明确论文的研究目的和范围。确定研究方法，收集研究所需的数据和资料，对数据资料进行整理并开展初步分析。

论文撰写初稿阶段的工作一般包括：运用研究方法分析研究问题，并围绕研究问题进行充分深入的讨论。在此基础上，形成论文初稿。

值得一提的是，对准备阶段和撰写初稿阶段的描述，实际上是关于如何围绕论文题目开展研究的描述。这些描述所提及的工作即是开展研究的步骤。由此可以发现，论文本身并不占据所需时间的主体，主体是进行研究的过程，而论文只是研究过程结束后的文字总结。这一点在第12章中还会提及。

论文修改并定稿阶段的工作一般包括：根据导师的意见对初稿进行修改，就存在的问题进行完善，反复修改直至定稿。

5. 创新之处

撰写论文创新之处的要求与正文绪论中一致，这里关于创新之处的描述也可以被直接放入论文正文中。

6. 主要参考文献综述

开题报告书的文献综述部分不仅要梳理国内外研究现状，关于论文理论基础的文献回顾也出现在这里。在理想情况下，该部分应当提供完整的文献整理，也就是达到能够直接形成正文文献综述和理论基础的程度。不过在实际中，由于开题阶段只是研究的初始，尚未对研究主题有深刻认识，也可以只综述开题阶段所掌握的文献，日后随着研究深入再进行补充。

对文献资料进行综述后，还需要将所提及的文献按照规范的引用格式附于综述文字之后，形成参考文献列表。关于引用规范性的要求与正文一致（详见第12章）。

综上来看，开题报告书的内容与论文正文多有交叠，理想的开题报告书应当包含正文绪论部分需要表达的完整内容（包括文献综述）。由于开题报告书中的文字在移入正文时没有重合率等限制，可以直接放入，因此多花一些时间准备并不吃亏。当然，也不必为扩大篇幅硬凑字数。开题报告书本身并没有篇幅要求；对于开题的目的而言，最重要的是表述清晰，能够讲清楚论文的研究思路。至于其他未尽之处，可以留待正文撰写时根据研究过程中的发现持续优化。

有的学校将开题报告书进一步拆分成选题报告书和开题报告书两份材料。这两份材料的区别在于，选题报告书应主要撰写研究背景，也就是说明为什么选择该问题进行研究；而开题报告书则需着重撰写研究思路，并说明其可行性。

11.3　开题评审

11.3.1　开题评审的过程和目的

开题评审与论文答辩相似，由三至五位老师组成评审委员会，对论文选题是否达到要求进行审定。具体评审的依据就是第 11.1 节所提到的几个方面。在开题评审前，学生应提交电子版和纸质版的开题报告书，由评审秘书转发给每位评审委员。开题评审一般首先由学生进行陈述，然后由评审委员会针对开题报告书和陈述中未表述清楚的问题进行提问，继而由学生回答。通过问答，进一步判断该研究是否符合要求。

开题评审"审"的内容涵盖全部开题报告书。对于专业学位硕士论文来说，由于探讨的是一个具体的实践问题，评审关注的焦点往往集中在研究方法的选择及其可行性上。前者显示了研究会如何开展，后者决定了研究是否能够实际执行。因此尽管开题报告书中用于介绍研究方法和可行性的篇幅并不多，甚至可能只有一两段话，但这些应当成为开题评审陈述中报告的一项重点。

开题评审被称为"评审"而不是"答辩"，是因为其设立目的不同。评审委员会进行提问的目的并不是对论文的不足之处提出挑战——这是在论文已经完成、木已成舟的背景下提出意见；提问的目的是对论文的潜在不足之处进行补足——这是在论文尚未开展的背景下提出建议。通过提问，可以帮助学生更好地梳理研究思路，发现研究计划中存在的漏洞，以使他们能够在后续研究过程中加以完善。因此学生对于开题评审应当抱着积极接纳的心态，认真听取记录并根据评审委员会的意见进行改进，而不应将其视为一种刁难。

11.3.2　开题评审中陈述的要点

开题报告需要学生首先进行陈述。陈述的时间依照各学校规定，通常在5~10分钟内。一般要求学生准备演示文稿进行报告，报告之后立刻接受提问并回答。

陈述的内容即开题报告书的全部内容，按照顺序对每部分做简要介绍即可。但这并不是说要按照开题报告书各部分的详略来安排陈述。陈述的目的是将评审所关心的问题表述清楚，因此需要突出重点。尽管选题依据和参考文献在开题报告书中占的篇幅很多，但陈述的重点更应侧重于介绍研究内容、研究方法和可行性。具体地，陈述内容可以按照以下方式安排：①首先概述选题依据和研究意义，指出相比既有研究文章的创新之处。这部分只做简要介绍。②介绍研究内容和研究方法，着重围绕论文大纲，依顺序详细介绍理论基础、分析过程的各个组成部分，以及介绍其中使用的实证研究方法。③就研究方法的可行性和数据的可得性做进一步详细说明。通常将上述内容表述清楚就完成了陈述任务。在陈述过程中，清晰是放在第一位的。

演示文稿的准备也无需多，对应上述内容即可。可以将开题报告的每一部分形成一个展示页；对于作为陈述重点的研究内容、研究方法等，可以相应地增加展示。演示文稿可以直接复制开题报告书中的文字，但切忌将开题报告书中的整段内容原封不动地挪入，繁杂的文字不利于评审委员迅速了解论文所要表达的中心意思。因此演示文稿应只放入核心语句，谨记以表达清晰为准。

对于评审委员会提出的问题，应以记录为主、回答为辅。提问大多是指出现有研究框架中存在的缺陷，这正是下一步研究需要完善的地方。有的问题可能已经包含在了自己对开题内容的思考中，但仍被评委提及。这时候在争辩"自己已经考虑了这个问题"之前，可以首先想一下，为什么评委未能注意到这个问题呢？或者自己虽然思考过，但是没将其嵌入到文章结构中，造成结构有所缺失；或者尽管这部分内容在文章结构中体现了，但在组织安排上未能给予突出位置，导致没能凸显出来、获得注意；又或者是虽然开题报告书中提到了这个内容，但在相关语句的表述上，没有把语言重心落在这个内容上，造成了误读。总之，面对问题要以寻求改进为目标，首先思考成因，而不是急于证明自己已经做过。这也是积累研究能力的一个方面。

11.4　本章小结

　　开题是学位论文组织流程上的第一个环节，但也可以说是最重要的环节。开题并不是构思个题目那么简单，还需要明确论文的具体研究内容和研究方法，提供可行性论证，并且阅读相关文献以明确该题目的创新性。因此准备开题的时间较长，其工作量甚至可能占到全部论文工作量的50%。开题重要是因为整个论文的框架已经在开题过程中搭建了起来，后续只是按框架填充内容而已。如果这一阶段的框架搭不好，后续论文推进不下去，很可能还要回到这一环节重新出发。因此学生需要重视开题工作。开题阶段也是学生和导师交流最多，需要详细沟通的时期。

　　开题的准备工作最终形成一份文字材料，即开题报告书，也就是论文的研究计划书。开题评审即围绕开题报告书的全部内容进行，核心是确认论文的研究内容（论文大纲）、研究方法、可行性。学生在开题陈述时，只需要把握上述要点，清晰表述即可。

第12章
正文撰写

12.1 撰写的顺序

学生往往有一种误解，认为论文撰写就要按照论文大纲的顺序进行，因此下笔就从绪论开始。这是错误的。论文是研究工作的总结，学位论文就是报告围绕题目所开展的研究的成果。既然是总结，就需要建立在研究工作全部完成的基础上。也就是说，需要把从问题描述到对策提出的全部研究工作做完，形成了相应资料，才能进入撰写阶段。撰写只不过是将这些资料整理出来，形成最终文字而已。因此虽然这里说的是论文的"撰写"顺序，实际上指的是论文开展研究的顺序。

在开题阶段，学生应对研究提出的背景、国内外研究现状、理论基础已有较为充分的准备。在此基础上，对于数据分析类论文，接下来的研究顺序如下：

1.现状和背景梳理

对应于正文的"现状和背景介绍"部分。需要在开题基础上，对企业或机构的基本信息、事件或政策的基本情况，进行更为细致的资料整理，并形成文字稿。其中，对企业或机构信息的梳理一般较为容易，难点在于梳理事件或政策，也就是分析研究问题所发生的具体背景。举例来说，对于论文"某产品中小城市营销策略研究"，中小城市的特征是需要着重梳理的背景。在开题阶段只需要指出中小城市的营销方式更依赖口碑传播就达到了要求；但进入研究阶段，还需要对口碑究竟来自哪里，是亲属之间、邻里之间还是网络社交朋友圈，进行明确。研究论文的政策影响也是这样。在开题阶段，明确政策的大体内容就可以；但进入撰写阶段，需要落实全部政策细节，包括政策条款、涉及哪些相关主体、政策的执行方式是什么、政策效果是否有时滞性等。对于现状和背景的梳理要落实到与论文有关的全部细节。

开展细致梳理的目的是进一步明确论文的研究目的和范围。细节有助于使研究范围进一步缩小，使得接下来作为研究核心的数据分析能够更有针对性。而在数据分析过程中，随着数据所包含信息被挖掘，又会发现一些原先没有关注到的因素在起作用。这时候又需要反过头来进一步深化相关梳理。经过这样的反复补充和修正，最终才能形成正文的"现状和背景介绍"部分。

2. 数据分析

对应于正文中使用数据分析技术的部分。对于数据分析类论文来说，研究工作的核心就是数据分析，数据分析支撑了论文的研究重点，其结果直接决定了文章论述的走向。因此这是需要首先完成的内容。

每一项数据分析技术在使用时都不只是一个单一模型，而是一套研究体系。研究过程包含收集数据、确定研究技术、开展分析、扩展分析等步骤；相应地，撰写也需要报告一系列内容，从最开始的数据处理方式、数据特征描述，到后面的具体分析技术和分析结果，再到基于基本结果的扩展讨论。具体该如何撰写，对于专业学位论文来说，一个好方法是选择一篇使用了相同分析技术的期刊论文或优秀硕士论文，仿照该论文的步骤进行。尽管这些论文的主题可能与要写的论文主题不同，但相比数据分析的教科书，其提供了关于某种技术更为完整的框架和思路。学生可以通过效仿这些论文的写法，迅速掌握该类方法的使用体系。在这一过程中需要注意两点：一是样例文章的选择。作为样例文章，其所提供的技术体系必须是完整规范的。一般来说，核心期刊论文和层次较高学校的优秀硕士论文由于对论文质量整体要求较高，其所载方法通常较为标准，适宜作为样板；而普通期刊或者普通论文，由于看重的层面不同，从技术层面来说可能并不规范，导致从方法角度而言不适合作为样例。有的学生发现自己找不到可做样例的文献，能够找到的使用相似方法的论文都是来自普通期刊的简单研究。这时候需要检查是否是搜索方法的问题。有的学生习惯在检索文献时只集中于自己的研究主题，如做营销题目就找营销相关的论文，这时候就容易出现上述情况。这里需要按照研究方法而不是研究主题来找论文。二是在使用样例的过程中，不必事事照搬，要根据自己的研究主题进行一些调整。样例论文由于研究的是另一个问题，其关注重点与论文不同，相应地对于研究变量的选择、研究讨论展开的方向等，也会与论文存在差异。例如，样例论文研究的是奢侈品营销的影响因素，所设定的多元线性回归模型中包含了消费者以炫耀性消费的偏好作为自变量；而论文研究的是普通商品的营销，尽管可以借用相同的模型形式，但在具体设定上就需要将这一变量剔除。借鉴样例论文的只是方法，不是所有的具体细节。

数据分析往往不是一次完成的，而是一个重复修正的过程。初步分析得到的结果可能难以尽如人意，这时就需要根据背景梳理进一步精练内容，重复校正。"研究"一词的英文叫作"re-search"（词根意为"再-搜索"），正是取了反复探寻之意。在研究过程中，需要将各阶段各步骤的工作和结果形成文字，用文字记录下来。有了初步记录之后，随着对研究问题的深入理解，要在数据范围、研究设定等方面不断调整，更新文字内容。即使分析结果已经较为圆满，方法上也不需要优化了，还需要考虑在现有结果的基础上是否可以进一步拓展。例如，考虑基本结果在不同人群、不同地区可能产生的异质性，或者论证该结果能在多大程度上推广到其他类型的企业。通过围绕基本结果增加讨论，可以丰富研究的结论。最终当上述数据分析完善、定型时，也就形成了最终的文字记录。在此基础上经过整理，按照论文前后的逻辑重新组织语言，才能成为最终呈现在论文中的文字。

3.问题分析和对策提出

数据分析可以用来发现存在的问题、探究问题的成因或是用来寻求解决办法。不管是哪一种，数据分析都只是一个工具，其目的仍在于分析问题和解决问题。因此在完成数据分析之后，就可以基于数据结果进行关于具体实务的研究和撰写了。

学生常见的一类错误，是做了数据分析，也做了问题描述和对策提出，但二者之间几乎没有联系。也就是技术分析和实务分析"两张皮"。究其原因，可能是文章的论证逻辑设计存在缺陷，数据分析没有围绕研究重点来设置。例如，论文"某新型数码家电产品营销策略研究"，数据分析是围绕消费者对家电产品的偏好开展问卷调查，而问题描述和对策提出则是围绕营销模式。消费者偏好和营销模式二者并不是同一个范畴。论文可能在构思时只是觉得面向消费者的问卷调查易于操作，并没有考虑到如何将其嵌入到论证逻辑中。这时候就需要对论文内容进行调整。如果要保留原先的研究框架，就需要完成从数据分析结果到框架中其他部分之间的过渡。例如，增加说明，说明消费者偏好会直接决定产品的市场定位，而明确市场定位是开展营销的基础。这使得数据分析与营销模式中的一个维度建立起了联系。而对于营销模式中包含的其他维度，可以通过访谈研究、案例研究等辅助分析方法，补充相应的论证。此外，还可以基于数据分析对论文的研究逻辑进行调整，特别是进一步精练主题，从面面俱到转向集中于数据所显示的关键一点。如将上述关于营销策略的研究转为关于市场定位的研究。

实务分析需要和技术分析相关联，在形式上意味着在对问题或对策进行分条列举时，每一条的提出都需要指明是如何通过数据分析结果产生的。具体地，在撰写每一条时，都需要首先指明基于前面的哪一条数据分析结果延伸出这一条，然后再围绕这一条结合实务背景进行更深入的阐释。

4.引言、结论、摘要

这三个部分是放在最后撰写的，因为它们都含有总结全文的功能，因此需要在论文主体内容完全定型后才能确定。这三个部分的共同点是，需要交代论文的研究过程和研究结论，也就是使用了怎样的方法和数据、获得了怎样的发现。不同点是，结论侧重于对研究结果的介绍，相对来说是这三个部分中可以首先完成的；而引言起着为全文定调的作用，需要准确反映研究重点、凸显研究意义，因此往往经历多次修改，是正文中最后完成的部分；在此基础上，最后形成摘要。

如第11章所述，引言中的部分内容可以直接取自开题报告书，如研究背景、研究意义、国内外研究综述、创新之处等。但也需要注意两个方面。一是随着论文研究工作的开展，原先关于论文的设定一般会有调整，如论文主题得到进一步凝练、国内外文献综述有进一步补充、研究意义和创新之处有新的发现等。这意味着需要对开题报告书中的表述进行更新。二是由于此时已经完成了研究过程，获得了确切的研究结果，因此与开题时表述为"计划如何研究"的说法不同，需要把将来时转变为完成时，改为"研究了"的表述，并且加入对结果的报告。

综上来看，上述四步写作顺序与开题报告书中"研究进度"的描述相一致。"研究进度"中所提及的具体工作，正对应了上面的研究过程，可见"撰写"论文并不是核心，论文只是研究过程最后自然"形成"的结果。

12.2　初稿和修改

论文撰写过程是一个在导师指导下完成研究的过程，因此需要与导师时刻保持密切的沟通。从开题确定论文框架到初稿完成的这段时间，主要由学生自主进行研究，但也需要在前述的几个关键研究节点上经过导师审核把关，以确保研究的整体方向正确。

在形成初稿之后，修改阶段是主要体现导师指导的环节。修改过程大致可以分为两轮：

第一轮修改主要针对论文存在的整体性问题，着重结构和内容。在结构方面，开题阶段所确立的论文大纲可能需要根据实际研究情况进行调整。在内容方面，学生对大纲中某些章节的理解可能有偏差，如对现状背景的介绍不规范、对问题和对策的列举过于空泛等。这些都需要做较大的改动。还有一些问题也是涉及整体性的，如论文的逻辑缺乏、语言不符合学术规范等，这些通常是整篇论文存在的问题，也需要在这一轮得到修正。

第二轮修改主要针对论文存在的细节问题，特别是规范性问题。学术论文写作有其特有的规范性要求，这往往是专业学位学生不熟悉的。规范性程度往往被视为衡量学生是否受到了良好学术训练、具有良好学术态度的标准，因此十分重要，需要格外注意。规范性问题涉及广且多，往往需要经过反复校对、投入大量时间进行调整。

虽然大致来看是两轮，但根据论文质量有所不同，有的论文可能要反复修改多次才能达到要求。这就需要学生在每次提交初稿和修改稿时，先进行自我修改。切忌抱着"我知道有很多问题，先不改了，先请老师大致看看"的想法，导致导师提出很多问题、学生在修改时顾此失彼，最终造成沟通无效。在下面的小节中，我们分别列出了内容结构方面和格式规范方面的主要常见问题，学生可以对照这些问题，提前自我修改论文，提高论文的写作效率。

12.3　正文撰写常见的内容结构问题

12.3.1　内容冗余和重点不明

内容冗余是相对文章逻辑而言的。一些学生基于填充篇幅的目的，在初稿撰写时抱着"把相关的都写上"的想法，造成大量的内容冗余。需要注意论文不是凡是有关的内容都要写入，而是只写入那些与研究逻辑紧密相关的内容。例如，论文"某产品营销模式优化研究"将4P理论作为主要分析框架，但同时分析中还涉及消费者需求、市场细分等其他理论。后面这些理论虽然与研究内容有关，但并不应该写入理论基础部分。原因在于理论基础在研究逻辑中的功能是为论文提供研究框架，只有承担了这一功能的4P理论才能够作为理论基础，其他理论只涉及论文某一部分的内容，在推动整体研究逻辑上并无太大作用，因此不能被归入理论基础，若放入则形成冗余。

还有的冗余来自事无巨细的交代。例如，在现状和背景介绍部分，对企业或产品的介绍本来只需概要，但学生详细繁琐地交代了有多少产品、产品各是什么型号等。这些介绍虽然与论文要研究的问题有关，但并没有对后面的问题进行描述、分析或解决有实际帮助，也就是对推动论文的研究逻辑并无助益，因此需要被删除。

内容冗余的直接后果是造成论文的重点不明。重点内容本应获得更多描述、占据主要篇幅，但在冗余文字的堆砌下难以突出，容易造成论文逻辑看起来不清晰。因此在论文修改中需要对冗余文字进行识别，大胆舍弃，以讲清楚论文的研究重点为首要目标。

12.3.2　章节划分

章节划分直接决定了出现在目录里的章节标题是什么，也就是决定了通过目录所显示的文章结构。文章结构是说明论文研究逻辑的直接方式，因此论文的章节划分也必须按照服务于整体研究框架的方式来安排。

第一，该形成标题的必须形成标题，不该形成的不能形成。也就是说，章节划分（一二级标题）不是按照成文字数多少，不是字数多的内容就要划分为更多的章节，也不是字数少的就不用划分。如果该内容在研究逻辑中占据了重要一环，那么就需要提取出来单列成节乃至单列成章。例如，论文中对于企业或机构现状的介绍，尽管描述不多，但在文章逻辑中是必不可少的一部分，因此需要单列成小节；而对于数据分析结果的报告，虽然涉及一整套方法体系、占据篇幅大，但表达的都是结果报告这一个内容，因此只归为一个小节。又如下面"结构对应"部分所提到的，当按照分析框架对论文需要分为几个方面进行讨论时，每一个方面都需要出现在章节标题中，即使有的方面论述较少也是如此。当然，能够出现在标题中意味着占据文章结构的一定位置，这样的章节也需要一定的文字篇幅量来支撑，如果过于简单则需要进行补充。相反地，如果对文章结构没有直接影响，那么就不应该单列章节放入标题，而是需要合并到其他相关小节中，相应的篇幅也可以缩减。

第二，是否需要划分三级标题，要看在论文结构中的位置。三级标题可有可无，划分到三级标题意味着进行了细致深入的讨论，这是论文重点章节才应有的。也就是说，通过阅读论文的目录，不仅可以看到论文的研究逻辑，还可以从标题的层级设置看出哪些是重点内容。因此并不是每一个部分都要设置三级标题。那些与文章结构无关、不进入标题的内容，如果要显示逻辑顺序，可以在正文中使用逻辑连接词如"第一、第二、第三、第四"进行划分，每条下仍可设置多个段落；只有那些在论文结构中占据一定位置、需要进入标题的内容，才使用三级标题如"1、2、3、4"。

因此，学生需要再次对照论文目录进行检查，看文章逻辑是否清晰。目录也是读者会首先关注的内容，因此必须清晰。

12.3.3　结构对应

从文章目录来看，论文需要在内容和顺序两个层面显示出对应关系。

1.内容层面，"理论基础—问题描述—问题分析—问题解决"的对应

论文最主要的研究逻辑，就是通过理论基础来提供论文开展研究的框架，即指出论文分析应从哪几个方面展开，然后接下来的研究过程就围绕这几个方面进行，相应的对策提出也依据这几个方面。因此"理论基础—问题描述—问题分析—问题解决"四部分需要——对应。例如，一篇研究营销模式的文章使用4P理论作为理论基础，意味着要从产品、价格、推广和渠道四个方面去对营销模式进行分析，那么我们就要严格依据这四个方面，分别指出现有营销模式在产品、价格、推广和渠道上存在的不足之处，分析其成因并就每个方面提出优化措施。"严格依据"的意思是要——对应，一个不能多也一个不能少。上述四个方面在研究中是不必平均用力的，而应当有详有略、对其中一两个方面有所侧重，但无论详略都需要在结构中体现出来。因为既然理论基础使用了4P理论，就意味着论文所提出的大的改进方向应该从四个方面同时着手——不然就只选择针对那一两个显著方面的特定理论就好。因此即使在研究中有详略之分，在结构上，四个方面都要在每个部分体现出来。有的学生会由于在某一环节如问题分析中没有涉及其中某一方面，而选择在该环节略去这方面的内容，是不正确的。除非有充足的理由在文中说明，否则应补足缺失的部分。

还需要指出的是，在上例中"严格依据4P理论的四个方面"并不是说具体问题或建议只能提四条，而是说要把所发现的具体问题表现形式分门别类归入这四个方面。不是简单罗列而是归类，特别是要按照理

论基础进行归类，这是学术论文和散点式论文的一不同之处。它体现了在理论指导下对实际问题进行重新认识的过程，是体现理论与实践结合的一种方式。

2.顺序层面的对应

这是指"理论基础—问题描述—问题分析—问题解决"四部分所列示的内容，在列举顺序上必须是一致的，特别是后面三个部分。例如上例使用4P理论的营销模式研究中，如果问题描述部分是按照"产品、价格、推广、渠道"的顺序进行讨论的，那么问题解决部分也要按这个顺序提出解决办法；如果问题描述部分是按照"价格、产品、推广、渠道"的顺序，那么问题解决部分相应地就要按新的顺序。一般来说，问题描述的顺序反映了问题的相对重要性，放在前面的是更主要的。对于对策来说，其意即为对应解决问题，因此每一个之前提出的问题都要在对应顺序的位置上有一个有针对性的解决措施。可见，围绕问题的各研究环节不仅在内容上要保持一致，在顺序上也要一致。

前面所说的两个层次的对应关系，都需要体现在论文目录中。因此在编制小节标题时需要特别留意。理论基础可能不涉及细分小节，但问题描述部分和对策提出部分的细分小节，都需要按照前面所说的对应关系进行设定，以使读者从论文目录上就能够一眼看出这些对应。学生可以对照检查自己的论文目录，如果缺失了其中某些内容，那么需要进行补充；如果论文中有这些内容但没有提炼成小节标题，那么需要进行提炼。

12.3.4　段落和语句逻辑

语言逻辑问题是很多专业学位论文存在的显著问题，表现为行文重点不明确，给人以飘忽冗余之感。究其原因，有的是因为拼凑篇幅导致文字堆砌，这是态度问题，而更多的是由于对该说什么、不该说什么，也就是如何有逻辑地组织段落和语句，缺乏系统认识。

1. 段落与段落之间的逻辑

一个段落为什么会存在，是因为在论文的内容表述中发挥了一定作用。中国诗文有"起、承、转、合"的章法，表达的就是一种段落关系，有的段落是为了"起"，有的则是为了"转"。学术论文也是一样。在一个小节中，段落的安排通常是：开始的段落是为了引起所要讨论的内容，中间的段落是为了围绕这一内容展开讨论，而最后的段落则是对刚刚讨论的内容加以总结。这是大体的划分，是学生一般都能够关注到的。

而对于作为叙述主体的中间段落，一般又由多个段落组成，它们之间的逻辑关系是学生通常忽视的。中间内容之所以要划分为多个段落，目的是使讨论内容可以从多方面展开，更加丰富。而这些段落由于讨论的是同一内容，相互之间必然是以一定的逻辑关系组织起来的，可能是层层递进的，或是平行并列的，这些都是关联的方式。这样的逻辑关联关系不仅需要体现在内容的相互衔接上，还需要有额外的逻辑连接来指明。逻辑连接主要包括过渡句和逻辑连接词两类。

过渡句的使用包括：①在段落的起始添加，作为起始句。其形式是首先总结上一段的内容，继而引出下一段的内容。②在段落的结尾添加，作为最后一句。其形式是引出下一段的内容。前者采用较多。

常用的逻辑连接词包括：①表达段落之间的先后顺序，使用逻辑连接词"首先，其次，再次，最后"。②表达段落之间的主次顺序，使用"第一，第二，第三，第四"。③表达段落之间的平行关系，使用"一是，二是，三是，四是"。④表达相反的关系，使用"一方面""另一方面"。需要注意的是，上述中文连接词所表示的序列不能用阿拉伯数字的"1、2、3、4"或者其他标号方式所替代。阿拉伯数字是标题的标记方式，如果列出则意味着成为一个小节划分。只有中文数字是连接词，因为与叙述融为一体，从而体现的是对内容的逻辑划分而非结构划分。

学生需要对照上述要求检查各章节，如果在段落中缺少这样的逻辑连接，那么就需要进行补充，以使读者一眼明确段落的关系，从而确定段落存在的意义。

2. 语句与语句之间的逻辑

在一个段落内部，语句与语句之间也需要有逻辑关系。在一个段落内，语句的安排通常是：第一句是主旨句，指明该段要讨论的观点；其后是论据和资料的提供；最后一句是总结。

尽管存在一些变通方式，但理想情况下每个段落都应按照上述构造方式组织，特别是每个段落开头都需要有主旨句。主旨句即使不出现在第一句，也需要紧随其后出现在第二句。主旨句是向读者表明该段想要表达什么观点的重要方式。这里的观点可能是接下来要进行论证的论点，也可能是对后面细节描述的概要。即使一个段落中间的论据提供部分可能存在冗余，或者末尾未有放置总结句，但主旨句总是必须有的。

对于段落中间的叙述语句来说，也需要进行逻辑连接，通常使用逻辑连接词来连接。但总体来说，对于普通段落，段落内部对语句连接的要求较低，主要关注的还是主旨句的使用；对段落内部语句连接要求较高的，主要是论文引言中的"研究背景"部分。这是因为研究背景是一篇论文的起始，起着对整篇论文定调的作用，背景中所交代的每一句话都直接影响到读者对论文的基础认识。因此为了营造准确的第一印象，关于为何要研究这一问题的交代需要格外谨慎。在完成论文后，可以单独核查这一部分的语句关系，添加逻辑连接词，去掉冗余句子，修改每个句子的叙述重心，使语句的组合能够在段落内形成与论文主题相契合的完整逻辑线。

3. "提纲式"语句问题

一些学生在撰写文章时会出现"提纲式"语句的问题，也就是像制作演示文稿一样，用罗列大纲的方式表达内容。具体表现为两类。一是频繁分段，即一个短句或两个短句就形成一个段落，众多短的段落罗列。二是段内短句堆砌，即每句话都由几个词语构成，甚至不是完整的句子。例如，在介绍企业薪酬制度现状时，或者将现有薪酬制度一句一段罗列出来，或者以"薪酬制度："后面接各条目名称的方式来组成一段。这些都是错误的。论文是通过语言逻辑构建起来的，这些不能形成语句的表述方式，在论文中是被严格禁止的。

出现"提纲式"语句的根本原因，在于对论文资料缺乏整理。论文的撰写是以研究过程所形成的资料为基础的。由于这些资料只起承载信息的作用，因此可以以任何作者认为方便的形式记录。但是如果要转变成论文，也就是把只给自己看的资料转变为给广大读者阅读的论文，就需要经过文字上的加工整理，使之符合通行的学术规范。也就是说，论文的行文不是只要用几个关键词把意思表达出来就可以，还需要用逻辑语言把完整的意思表达清楚。在这一过程中，上述"提纲式"内容都需要被润色。需要通过逻辑连接词的加入和语义的完善，将短句变为完整的句子；需要将句子进行归纳，把用于论证相同内容的句子合并起来组成段落；通过这样的文字整理，才能获得最终用于论文的语言。

4.断句问题

断句通过标点符号实现，段落内的内容通过句号划分为语句，每个语句中间又有逗号来体现间隔。段和句的划分都应该按所承载的逻辑关系进行，不能随意分割。这个道理看似简单，但实际常有学生犯错。究其原因，在于口语化的表达和书面化的表达之间在断句上存在差异。学生一旦使用口语化表达来撰写论文，就会出现断句错误。其实对于大多数人来说，撰写时笔随心到，难免会带有口语特征。这就要求在撰写文字之后必须回头检查，通过使用阅读这种符合书面习惯的方式，来纠正语句中表述随意的问题。有的学生可能不擅长写作，即使阅读也难以纠正断句问题，这时候就需要严格按照语义逻辑来审查，看每一个句子的标点是否真正起到了正确分隔语义的作用。

12.3.5　文献资料引用

1.需要注明引用的情形

有的学生认为对文献的引用只出现在文献综述部分，这是错误的。文献综述固然是对既有研究的汇集，但只是围绕与研究主题密切相关的文献。而根据论文需要，在其他地方出现了他人观点，同样也需要注明出处。例如，一篇论文在研究背景部分提到了当前互联网经济发展的特征，关于这一特征的归纳是引自他人，那么就需要标注首先提及这一观点的文献；再如，论文在理论基础部分回顾了某理论的发展脉络，构成发展节点的经典文献都应该被提及并加入引用；又如，一篇论文在进行数据分析时所使用的线性回归模型借鉴自另一篇论文，那么这篇论文在介绍研究方法时也需要引用该论文。总之，文献引用会出现在论文的各个部分，只要是借鉴了他人观点作为论据，都需要注明出处。

在实际操作中，学生面临的一个困难是难以辨别哪些地方是需要注明引用的，哪些是可以不用的。这里可供参考的一个准则是：凡是那些表示判断性的、不是所有人都公认的、又是文章必须提及的句子，就需要加入引用。"表示判断性的"即这是一个观点；"不是所有人都公认的"表明存在类似替代观点，而这里所引述的只是观点之一，因而体现了原作者的独创性；"文章必须提及"是指论文在内容发展上某种程度依托于这个论据，因而不能回避。例如，要介绍互联网经济发展的特征。这需要定义互联网经济发展具有哪些具体特征，是"表示判断性"的；而不是每一个人都认为互联网经济发展应该被归纳为这些特征，还存在其他的归纳方法，这里只是引述其中一种，这种情况就是"不是所有人都公认的"；而对于论文阐述研究背景来说，既然要介绍互联网经济的发展，就必然需要提及它具有怎样的特征，这可能与论文的主题（如论文研究互联网经济的商业模式）没有直接关系，但从背景描述看来是绕不开的一环，因此属于"文章必须提及"的内容。在这种情况下，就需要加入相关文献的引用。又如，论文在数据分析中使用了一个线性回归模型，该模型不是课本上介绍的基础模型，而是在某一篇文章中经过了改良之后的模型，它表达的是该文献作者对于特定条件下应如何改进研究的观点。在这种情况下，就需要在研究方法中加入对这篇文章的引用。

还有一类必须表明出处的，是数据。论文常常涉及对数据的使用，如在介绍互联网经济发展的背景时，提及互联网使用人数变化、互联网企业发展规模变化等。除使用企业或机构的内部资料外，凡是论文中出现了数据，都必须说明其来源。当然这个来源不一定是文献引用的形式，还可以直接在正文中表述。例如，对于互联网经济情况数据，可以在正文中加入"根据中国互联网络信息中心2023年统计"之类的表述。需要注意，关于数据来源的表述必须能够指明具体出处。有的学生习惯于用"据统计"等模糊说法，这是不正确的。

2. 出处的来源

上述提供观点或数据来源的出处不只限于文献，还包括报告、文件、网页等所有公开发布的信息。也就是说，在引述出现在非学术途径上的观点时，也需要注明其来源。

这里有三点需要说明。一是参考书通常不列入引用范围。例如，论文在进行数据分析时，使用了一本介绍数据分析方法的书籍进行学习，这一参考书不应出现在文献引用中。因为参考书所提供的是学习辅导，对推进论文内容发展并无直接贡献。二是教材一般不列入引用，引述内容应该是原文章。因为教材本身来自文献，正是经典文献被认可从而变成了教材内容。这些文献由于众所周知，所以一般不需要额外进行引用；但如果确需特别强调，就要按照引用的规范，使用反映观点原始出处的原文章作为引用。例如，波特五力模型是一类教材通常提及、大家普遍熟知的方法，在使用这一方法时通常不需要加入引用；但在某些情况下，如果要对其做特别介绍（例如作为理论回顾中的一环），引用的应该是"Porter（1979）"这篇文章，而不是某一本教材。三是企业或机构的内部资料通常不列入引用。由于专业学位论文是围绕某一企业或机构进行的，涉及大量该企业或机构的现状介绍或数据使用，这些都不需要加入引用。但是在使用一些统计数据的情况下，即使该数据是内部资料，如来自某行业协会的非公开内部统计，也需要说明数据来源。

12.4　正文撰写常见的规范性问题

12.4.1　图表

论文通常包含较多的图表。除了数据分析部分之外，在研究背景、现状和背景介绍等部分，使用图表进行展示也是一种加强读者直观印象的好方法。在使用图表的过程中，常发生两类规范性问题（结合实例12-1）。

1.图表本身的格式规范

图表均应该标示分类编号、标题、资料来源。其中，分类一般为"图""表"，而不使用两个字的名称如"图表""表格"。编号可以是单个阿拉伯数字"图1""表2"，也可以加入章节划分记为"章号-章内编号"的形式，如"图1-1""表4-2"。图表均需要有标题，但摆放位置不同，图的标题放在图的下方，表的标题放在表的上方。每个图表的分类编号和标题在论文中都应当是唯一的。资料来源统一放在图表的下方。除了展示论文数据分析结果的图表不需要标示资料来源，其他图表都需要标注。

论文中用来展示数据分析结果的图表，还需要遵循既有文献的通行规范。文献对于某类分析方法所得结果该如何展示，使用怎样的呈现板式、具体报告哪些项目，有着约定俗成的要求。相关图表如果没有按照这样的方式制作就会被视为不规范。例如，报告多元线性回归分析结果的表，一般每一列显示一组回归结果，报告项目包括变量的回归系数、标准误、观测值、R平方统计量等，其中在变量回归系数右上角还会标记代表显著性水平的星标。因为现有学术期刊基本均以这样的方式进行展示，所以学生在制作图表时就不能随心所欲，而需要去看一下惯例如何，然后模仿这种做法。需要指出的是，管理类论文的数据分析结果一般需要以图表的形式报告，不能使用分析软件的界面截图。对于分析软件中的图表，可以用相应的图表格式保存下来，放入论文中。

2.图表在正文中的引用规范

第一，正文中对图表的引用应该采用"如图1所示""见表2"这样的表述方式，不能使用"如下图所示""见下表"的说法。也就是说，在正文中需要清晰指出所指向的图表编号。

第二，图表的内容必须在正文有所描述。有些学生只在正文列出图表编号如"如图1所示"，而关于图1显示了哪些内容却没有丝毫提及，这是错误的。学术论文的一项要求是图和文要单独成立，也就是说单看论文的图表或者单看论文的文字，都能够明白论文的大概意思。这就要求图表的内容必须在正文中加以复述。对于那些没有直接显示文字的图和数据分析结果表，需要用文字对其含义进行解释；即使是那些已经包含了较为详细文字内容的表格，仍需要在正文中概述其内容。

第三，所有的图表都需要在正文中有所提及。不能出现有的图表找不到在正文中对应位置的情况。

此外，还需要注意图表的数量。一方面，图表的数量不宜过少。论文要求有单独的图表目录，与正文目录相并列；图文单独成立的原则，也要求文章需要包含一定数量的图表。图表的作用是对重点内容进行直观展示，以给读者留下深刻印象，使论文研究重点更加突出。对于数据分析类论文，通常在研究背景、现状和背景介绍两个部分安排图，以给予读者对发展态势的直观印象；在数据分析部分安排图表，对数据情况和数据分析所得结果进行集中展示。学生可以对照检查这些关键位置，如果没有图表，可以考虑进行补充。

　　另一方面，图表的数量也不宜过多。图表过多就会分散想要突出的重点。有的学生为了扩大论文篇幅，尽可能扩充图表，对调查问卷的每一个问题都用饼状图报告结果，接连放置十数张图。在这种情况下，读者很难识别文章的研究重点到底在哪里，适得其反，达不到使用图表的目的（结合实例12-1）。

　　实例12-1　图表的格式规范

　　◇ 图的正文引用："项目的流程结构如图2-1所示。"

图示例：

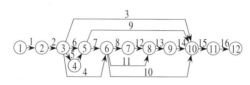

图2-1　项目的箭线式网络图

资料来源：××××

　　◇ 表的正文引用："表3-1展示了四个省份2003—2006年的第三产业占比情况。"

　　表示例：

表3-1

	2003	2004	2005	2006
浙江	五号仿宋体			
江苏		Times New Roman		
安徽				
江西				

资料来源：××××

　　说明：学术论文的表一般使用"三线表"。这类表一般是在表的开始、结束、

表题位置有横线分割，其他位置不添加表格线，因此称为"三线表"。在实际中，横线的数目可以不限于三条，但不能有纵向的线。

（示例来源：图表引自《全国工商管理硕士（MBA）学位论文标准与规范（征求意见稿）》[①]）

12.4.2　参考文献

在梳理参考文献时，首先需要了解参考文献的含义。列于论文最后的参考文献英文称为"reference"，指的是这里所列示的文章都是在论文正文中有所引用的（referred）。那些对写作过程有帮助、但没有在正文叙述中提及的文献资料，不能被放入参考文献。例如，作者在研究市场营销问题时，阅读了一些关于市场营销的文献，它们的论文结构成为作者自己撰写时模仿的对象。这些文献虽然对作者的撰写有很大帮助，但并未推动文章内容的发展，因此没有出现在正文引用中，也就不能被列入参考文献。同样地，参考书也不应被放入参考文献中。事实上，这类文献未能被引用的根本原因在于它们所提供的帮助并非基于自身特有的贡献。同样的论文结构也出现在其他文献或参考书中，并成为这类主题写作的一个主流规范，只是作者可能囿于自身知识没有了解。所有放入参考文献的研究都应该为论文内容提供独特贡献。例如，那些出现在论文文献综述里的论文，正是由于其在研究视角、研究方法、研究结论上有相比其他文献独特的贡献，才被纳入综述、进而出现在参考文献里。

1.参考文献本身的格式规范

关于在正文后列示参考文献的格式，事实上存在多种被认可的规范。学生可以任选其中之一，只需要保持所有文献的格式一致就可以。本部分的附件12-1提供了其中一种。需要注意的是，对于不同类型的

[①]　全国工商管理专业学位研究生教育指导委员会秘书处.全国工商管理硕士（MBA）学位论文标准与规范（征求意见稿）［R/OL］.（2022-05-06）［2024-02-06］. https://mba.nau. edu. cn/_upload/article/files/9f/59/b7fe339343dcb0e2867173e26ead/68762303-651a-4622-8ba3-22e89737d7cf.pdf.

文献资料，如期刊文章、学位论文、书籍、网页、其他文件资料等，即使是在同一种格式规范下也对应着不同的列示要求，需要注意区分。学生常见的错误是在列示期刊文章时使用一种格式规范，在列示书籍时使用另一种；或者同样列示期刊文章，论文的前一个部分使用一种格式规范，后一个部分使用另一种。上述问题需要仔细检查，以确保全文格式的统一。

> 附件12-1　参考文献的格式规范
>
> ◇ 期刊格式：析出文献主要责任者.析出文献题名［文献类型标识/文献载体标识］.连续出版物题名：其他题名信息，年，卷（期）：页码［引用日期］.获取和访问路径.数字对象唯一标识符.
>
> 示例：
>
> ［1］袁训来，陈哲，肖书海，等.蓝田生物群：一个认识多细胞生物起源和早期演化的新窗口［J］.科学通报，2012，55（34）：3219.
>
> ［2］FRESE K S，KATUS H A，MEDER B. Next-generation sequencing: from understanding biology to personalized medicine［J/OL］. Biology, 2013, 2（1）：378-398［2013-03-19］. http://www.mdpi.com/2079-7737/2/1/378. DOI：10.3390/biology2010378.
>
> ◇ 书籍格式：主要责任者.题名：其他题名信息［文献类型标识/文献载体标识］.其他责任者.版本项.出版地：出版者，出版年：引文页码［引用日期］.获取和访问路径.数字对象唯一标识符.
>
> 示例：
>
> ［1］陈登原.国史旧闻：第1卷［M］.北京：中华书局，2000：29.
>
> ［2］哈里森，沃尔德伦.经济数学与金融数学［M］.谢远涛，译.北京：中国人民大学出版社，2012：235-236.
>
> ［3］中国造纸学会.中国造纸年鉴：2003［M/OL］.北京：中国

轻工业出版社，2003〔2014-04-25〕. http：//www.cadal.zju.edu.cn/book/view/25010080.

〔4〕PEEBLES P Z，Jr. Probability，random variable，and random signal principles〔M〕. 4th ed. New York：McGraw Hill，2001.

〔5〕FAN X，SOMMERS C H. Food irradiation research and technology. 2nd ed. Ames，Iowa：Blackwell Publishing，2013：25-26〔2014-06-26〕. http：//onlinelibrary.wiley.com/doi/10.1002/9781118422557.ch2/summary.

网络资料格式：同期刊

示例：

〔1〕余建斌. 我们的科技一直在追赶：访中国工程院院长周济〔N/OL〕. 人民日报，2013-01-12（2）〔2013-03-20〕. http：//paper.people. com. en/rmrb/html/2013-01/12/nw. D110000renmrb_20130112_5-02.htm.

（资料来源：引自《信息与文献 参考文献著录规则》①）

　　参考文献的列示顺序有两种。一种是顺序编码，即按照文献在正文中出现的顺序先后，依次列出。另一种是著者-出版年编码，即按照作者姓名的字母排序（从第一作者的姓氏首字母开始，再到第二作者姓氏首字母，依此类推），如果作者姓氏相同再按出版年先后排列。其中中文文献和英文文献需要分开列示——所有中文文献在前或者所有英文文献在前都可以——然后再各自按字母排序。这两种顺序都是被允许的。

　　在学位论文中，参考文献一般都列于文末。有的书籍会存在以脚注方式在页下端列示参考文献的做法。但由于页下端列示与文末列示二者不能并行，只能择一，所以通常不采用这种做法。

---

① 中华人民共和国国家质量监督检验检疫总局，中国国家标准化管理委员会. 中华人民共和国国家标准：信息与文献参考 文献著录规则：GB/T 7714—2015〔S〕. 北京：中国标准出版社，2015.

2. 参考文献的引用规范

参考文献在正文中的引用方式需要与文末的列示方式相对应。

文末如果采用顺序编码制，正文中就需要在具体文献出现处标记顺序。通常使用在引用语句之后、标点符号之前的文字右上角加方括号的形式。例如"美国学者 Porter 提出了一个包含五类因素的企业竞争态势模型 [2]。"或者"企业竞争态势的一个经典模型是五力模型 [2-3]。"其中方括号内的数字指向文末参考文献的序号。

文末如果采用著者-出版年编码制，正文中也需要使用"著者（出版年）"的方式引用，其中年份放在圆括号中。关于著者的列示，对于中英文文献、不同作者数量，存在不同要求。对于中文文献，著者需引用全名，两个著者使用"和"连接，三个著者及以上使用第一作者加"等"的方式。例如张三（2020），张三和李四（2021），张三等（2022）。对于英文文献，著者只使用姓氏的全拼，两个著者使用"&"或者"and"连接，三个著者及以上使用第一作者姓氏加"et al."的方式。例如 Smith（2020），Smith & Johnson（2021），Smith et al.（2022）。使用这种列示方法时，正文的描述方式有两种。一种是包含文献的著者和年份。如"Porter（1980）提出了一个包含五类因素的企业竞争态势模型"。另一种是直接陈述文献内容，将引用放在内容之后的括号中，其中著者与出版年之间用逗号分隔。如"企业竞争态势的一个经典模型是五力模型（Porter，1979；Porter，1980）"。

总之，一般情况下正文中不会出现具体的文献题目，也不会提及英文作者的全名，都是采用上述引用的方式来提及。

12.4.3　语言风格问题

正如政府文件有公文的语言风格，新闻报道有新闻的语言风格，学术论文也有自己的语言风格。学术语言风格也是学术论文规范性的一个重要体现。学术写作应当遵循怎样的行文要求，并不是三两句话就能概括的，还需要通过人量的学术文章阅读来体会，正所谓"熟读唐诗三百首，不会作诗也会吟"。从专业学位学生的特点出发，主要需要纠正以下方面。

1. 叙述要客观，避免主观倾向

这一问题常常出现在围绕企业进行研究的论文中。由于学生通常接触企业内部资料、行业报告、相关新闻报道等存在主观表述的文体，加上论文基础资料也来源于此，常常导致论文行文含有主观色彩。例如在对企业背景的介绍中，描述为"该公司深耕工业机械制造领域多年""遵循客户至上的理念""屡获殊荣"。其中"深耕""客户至上""屡获殊荣"等词，都显示了对企业的褒扬，带有浓重主观色彩。这样的措辞尽管能够表达作者的态度，但从传达真实信息的角度来说并没有助益。而学术语句的目的就是为了提供信息。因此学术用语要求尽量从客观角度交代事实。例如上述句子可改为"该公司主要从事工业机械制造""将重视和维系客户关系作为主要经营理念，提出'客户至上'的口号""曾获得××、××等荣誉"。这就使得传递事实信息成为句子的重心。

2. 叙述要具体，避免含糊概括

学术语句以提供信息为主要目的，提供的信息需要是具体的。有的学生可能习惯于模糊概括的表述方式，如"近年来产品销量取得了飞速增长""政策起到了显著效果"，但对于究竟什么是"飞速"，如何能称之为"显著"，缺少具体信息的支撑。如若改为"三年中产品销量增长200%"，读者自然能获得"飞速"的印象；改为"政策起到了显著效果，医疗费用增长由前一年的15%下降到5%"，读者也自然能够判断出"显著"的形容是合适的。也就是说，在想要使用一些概括性词汇的时候，需要思考一下是否有更加具体的表述方式可以替代，或者在其后进一步补充提供能够解释这个词的语句。这一点不仅针对形容词，也针对名词、动词等其他词语范围。特别是对于关键性信息的提供，精准、具体是措辞的要领。

3. 叙述要正式，避免使用业内的缩略语、习语

无论是企业还是政府机构，各行各业在日常工作中都形成了自己的一些习惯性说法。但在撰写论文时，需要将这些特定领域的说法转变为标准的术语。例如互联网企业所称的"引流方式"，放在学术论文中可以归入"客户获取方式"。一些网络上流行的词也适于此类。例如"内卷"，可以改称为"过度竞争"，以使其能够被更广泛的受众所理解。

习语必须转变为标准术语，但对于缩略语，可以在第一次进行解释后保持使用。例如在卫生政策中常出现的一个词"三医联动"，实际上是"医疗、医保、医药三方面联动"的缩略说法。如果要在学术文章中使用这个词，第一次时需要使用全称，同时在后面加括号注明使用的简称。也就是第一次写成"医疗、医保、医药三方面联动（即三医联动）"，有了这一标注后，我们在后面直接使用"三医联动"的简称即可。

12.4.4　其他问题

1. 作者的自称

有的学生在论文正文中习惯以"笔者"或"作者"自称，这是不规范的。这两种称呼方式常见于文学类文章或新闻报告。学术文章一般较少出现主语，大多数情况以省略主语的方式直接陈述，如"使用××方法，发现××结果"，而不加入"作者发现"这种说法。在确实需要提及主语的时候，一般以"本文""文章"代称；少数时候也可以使用"我"或者"我们"作为主语。

2. 符号的使用

学位论文一般只能使用通常的标点符号。有的学生会使用一些不常用的符号，如星号或短破折号等，来在正文中进行一些提纲式的标记。无论是这类符号的使用还是提纲式内容的出现，都是不规范的。

12.5　原创性检查和处理

最终的学位论文定稿需要接受原创性检查，也就是重合率检查，然后才能送交匿名评阅和进入答辩环节。对于重合率的要求依据各校规定，通常在10%左右。由于重合率检查的结果直接影响论文能否进入下一环节，甚至与学校惩戒制度挂钩，因此学生在提交定稿之前一般需要先自主进行查重，对应结果进行修改后再提交定稿。

关于原创性检查，还有两点需要说明。一是重合率审查的范围不止期刊文献，还包括网页、报告等所有公开资料。甚至有的企业内部资料，由于在写作中吸纳了来自网络或其他外部渠道的信息，也会被间接地纳入审查中。由于引用网络资料或企业内部资料而发生重合率过高的事件，屡见不鲜。因此事实上引述任何既有资料都会面临重合率问题，学生不应抱有侥幸心理。二是一些重合情况不会被纳入计算。有的重合叙述是无法避免的，如列举企业经营所覆盖的省份，这些省的名称必然在已有文献中有出现。类似这种事实性信息的重合，会在审查过程中予以剔除，不会进入到最终的重合率计算中。不过，大量引用政策性文件或法律法条，仍有可能被判定为重合，因此需要尽量避免。

面对重合率偏高的情况，有的学生以"降重"称呼后续的修改过程。单纯以降低重合率为目标进行修改可能误入歧途。例如一些学生采用语言"技巧"，将文献原文的"把"字句改成"被"字句，通过"洗稿"的方式将他人语句据为己有；有的甚至去掉一些"的""了"之类的助词，造成语句不连贯。需要警惕的是，这些做法都属于学术不规范行为。尽管查重软件可能无法识别这类举动，但不能改变其根本性质，这些行为是被严格禁止的。

那么重合率偏高怎么办？真正的"降重"应该以增加原创性因素为手段。例如，在文献综述部分复述他人文献，是产生重合的一个常见原因。那么发现这个问题之后，就需要对文献进行重新整理，按照第5章所提到的综和述的方法，应用自己的思考将文献进行分类归纳和评述，形成自己的文字。问题解决部分是另一个重合率过高的重灾区。这意味着原先所提出的应对措施主要来自他人研究，这样的措施相对于论文的研究主体必然是浮于表面的。此时需要进一步挖掘论文研究对象的特征，深入剖析产生具体问题的成因，进而提出更有针对性的解决办法。总而言之，只有提升论文的原创性水平，才能真正实现重合率的降低。

12.6　本章小结

论文是研究工作的总结。因此需要首先完成研究工作，然后才能撰写论文。这意味着在撰写顺序上，并不是按照大纲从头到尾依次进行，而是首先写文章的核心部分，即包含数据分析的相关问题研究，然后再撰写前后的其他部分。通常可以按照现状和背景梳理、数据分析、问题分析和对策提出、引言、结论和摘要这样的顺序来进行。引言、结论和摘要部分往往是放在最后撰写的。

论文的撰写并不是一蹴而就的，而是需要经过反复修改。这体现在两个方面：

一是在初稿撰写的过程中，会形成很多"中间产品"文稿，这些文稿并不会全部放入论文中。数据收集本身会产生一些原始资料，如调查问卷、访谈文本；数据分析工作是一个探索的过程，会经历尝试、失败、换个角度再挖掘的反复，在数据分析过程还会产生各项记录。不能因为这些文稿产生了，就要放入正文中来彰显作者的努力。最终进入论文的文字需要按照论文的实际需要进行修改。

二是从论文初稿到定稿，也需要反复修改。论文成稿的修改甚至可能比初稿撰写更为重要。修改不仅要解决大量存在的逻辑对应问题和技术规范性问题，使之满足学术文体的要求，也需要在文字不断优化的同时，反复凝练研究重点，使文章的研究重点更加突出。

第13章
论文答辩

13.1　论文评价标准

在论文定稿送交匿名评阅后，学生会收到评审专家的评阅书，里面包含了专家的评分和意见；在论文答辩后，又会获得答辩委员会对论文的决议和意见。这两次打分中对论文的评价标准是一致的。在实际评审过程中，主要关注以下几个方面．

一是论文的选题、研究意义和创新性。主要通过阅读论文题目和引言获得。论文选题需要符合本专业培养方案要求，并具有一定的实践意义和创新性。由于这部分内容已经在开题时经过了一次审核，因此通常不会有太大问题。

二是研究逻辑是否清晰。主要通过阅读论文摘要和目录获得。对照论文目录，论文的研究范围需要与题目所确定的范围相一致；围绕研究主题所进行的问题分析和问题解决的逻辑链条要完整，并且能够在目录中获得清晰体现；作为文章主体的问题分析和问题解决部分，内容上应占据目录和正文的主体篇幅。在此基础上对照摘要，可以进一步明确各逻辑组成部分的大致内容，判断其构成是否合理。

三是研究的理论基础和实证方法是否选用得当。主要通过阅读论文的理论基础部分和数据分析部分获得。包括理论选择是否适当、数据是否可靠、选用的数据分析方法是否准确、分析技术的应用是否完整等。这是决定文章研究是否成立的关键内容。论文中对这些方面都应有详细介绍。

四是研究结果是否正确。包括对实证结果的解读是否准确，对实证结果的讨论是否充分，对策的提出是否有针对性等。主要通过阅读论文数据分析部分、问题描述部分、问题分析部分和问题解决部分获得。围绕研究结果的考察是评审的另一项关键内容。

五是写作是否规范。规范性要求包含庞杂，包括文献资料的引用是否正确、语言是否顺畅、行文是否有逻辑、各项图表符号等的运用是否符合学术规范等。尽管规范性问题并不涉及文章内容的核心，但往往被视作研究态度的体现。这是因为规范性的对错十分明确。尽管诸如文章使用方法是否得当之类的问题可能存在讨论的空间，但规范性要求都是有章可循的，只要具备良好的研究态度、投入充分的研究时间，就不会发生此类问题。因此规范性问题的出现会对关于论文的直观印象产生很大负面影响，如若发现需要严格对照修改。

附件 13-1 中提供了关于 MBA 专题分析类（包含数据分析类）论文的评价标准。

附件 13-1　　MBA 专题分析类论文的评价标准

评价侧重点：该类型论文，涵盖诊断型报告和调查报告等类型，虽然它们在内容模块的侧重点上有所差异，但它们具有三方面的共同特点：（1）以问题为导向，即遵循现实存在的问题描述（问题的起源、发展、影响等）—问题分析（问题的性质、产生原因、理论分析）—问题的解决（思路、方案、措施与政策等）的逻辑展开；（2）研究过程上，强调必须运用相关理论和方法对所研究的专题进行分析研究，采取规范、科学、合理的方法和程序，通过资料收集、实地调查、数据统计与分析等技术手段开展工作，资料和数据来源可信，这是该类型论文的考核要点；（3）在研究成果方面，专题研究所获得的结论应当具有较强的理论与实践依据，具有可应用性、可参考性与可借鉴性。

具体评价标准如下：

1.论文选题	研究主题属于管理学科领域；研究主题具有管理实践意义
2.研究问题	识别了一个真实的企业管理问题；对研究问题作出明确界定和阐述
3.理论应用	具有明确的管理问题分析框架或理论工具；对管理理论和/或分析工具的应用恰当
4.问题分析	对问题实质和成因有系统分析；分析资料和支持证据比较充实
5.解决方案	明确提出问题解决思路和/或方案；所提问题解决方案具有一定可行性
6.写作规范	理论观点和数据的引用标注规范；结构合理、语句通顺、版面规范

（资料来源：摘自《全国工商管理硕士（MBA）学位论文标准与规范（征求意见稿）》[①]）

13.2 论文答辩的目的和过程

论文答辩的目的是展示研究成果。论文作为研究成果的最终载体，需要通过对论文内容的介绍，证明所完成的研究达到了硕士专业学位要求。这一展示分为两个层面，一是主动陈述，也就是向答辩委员会报告论文的整体情况；二是被动答辩，也就是通过回答答辩委员会提出的问题，来进一步提供关于论文的细节。

---

① 全国工商管理专业学位研究生教育指导委员会秘书处.全国工商管理硕士（MBA）学位论文标准与规范（征求意见稿）［R/OL］.（2022-05-06）［2024-02-06］. https://mba.nau.edu. cn/_upload/article/files/9f/59/b7fe339343dcb0e2867173e26ead/68762303-651a-4622-8ba3-22e89737d7cf.pdf.

　　答辩过程也因此分为两个阶段：①在自我陈述阶段，学生一般会有15分钟左右的时间，来介绍论文各个组成部分的内容。相比开题时的展示，此时由于研究工作都已完成，因此需要对研究过程做详细说明，并且要使用相当篇幅来报告研究结果。②在陈述之后，答辩委员会会立刻提出问题。此时需要学生对问题进行记录，但不作答。问题提出后有一段作答准备时间，时间长度依据答辩委员会要求，有时是下一名同学介绍之后，有时可能是接下来几位同学介绍之后。在准备时间结束后，学生需要对各答辩委员所提出的问题进行逐一回答。由于问答阶段关注的是论文的细节，因此回答也需要进行详细解释，不能一两句话带过。具体的答辩流程参见附件13-2。

　　在全体学生答辩结束之后，答辩委员会有一段时间就陈述和回答情况进行商讨，并投票确定哪些学生通过答辩、哪些不能通过，形成答辩委员会决议。答辩的结果会当场宣布。如果对答辩结果有异议，可以在答辩结束后通过申诉程序进行申诉。

附件13-2　论文答辩会的一般程序

1.答辩委员会主席宣布答辩会开始并介绍委员会成员。

2.会议秘书介绍情况：

（1）介绍答辩人执行培养计划、进行课程学习、从事科学研究以及完成学位课程考试和学位论文的情况。

（2）同等学力人员的学位论文答辩，应全面介绍申请人的有关情况。

（3）宣读指导教师的推荐意见。

3.申请人简要介绍论文的主要内容。应着重阐述自己的见解和需要补充说明的问题。硕士学位论文一般不超过20分钟。

4.答辩会委员提问。委员提问后，申请者可在一段时间内准备答辩。

5.申请人回答问题。

6.答辩委员会举行会议进行评议、投票。申请人和旁听人员退席。

宣读申请论文评阅专家的评阅意见。

论文答辩委员会应对答辩情况充分交换意见，在作出授予学位建议时，以无记名投票方式，经全体成员一定比例通过。

7.答辩委员会决议应有对论文不足之处的评语和修改要求，并经答辩委员会主席签字。

8.答辩会复会，主席宣读决议书及表决结果。

9.答辩委员会主席宣布答辩会结束。

13.3　论文答辩中陈述的要点

围绕论文的自我陈述时间约为15分钟。学生需要将论文的所有内容进行完整的介绍，也就是依次报告论文各部分的主要内容，以展示研究的全貌。陈述的要点应与评审要求相对应，即与论文评价标准的要点一致。其中最为重要的，是对研究方法和研究结果的介绍。

相比开题评审时的陈述，论文答辩陈述的特点是更为具体。例如在介绍研究方法时，不能以"使用计量研究法"一言以蔽之，而是要展示具体的线性回归模型形式；对于研究结果，需要逐条报告获得了哪些结果；对于解决问题的对策，需要列举几个有代表性的措施详加说明。当然，上面所说的要具体，针对的是研究中的重点内容；对于那些非重点内容，如现状和背景介绍等，仍需要相对从略，以在陈述中体现出主次。

论文答辩陈述需要准备演示文稿。与开题时相似，对演示文稿的要求也是求精不求多，目的是清晰地表达评审要点。演示文稿的内容仍可摘录论文中的关键语句，但不宜整段照搬。一些学生为了更多地展现研究内容，在自我陈述时大量朗读演示文稿的文字，语速很快，这是不可取的。答辩仍需以清晰为第一要务。只要让答辩委员准确掌握文稿的要点即可。

13.4　对答辩问题的回复

论文陈述后的重点环节是围绕论文内容进行提问和回答。与开题称为"评审"不同，答辩之所以称为"答辩"，其特点在于回答中包含了"辩"，也就是对自己研究工作的申辩。答辩需要通过引述论文中的细节，来证明被提到的问题已经在现有的研究工作中得到了解决，或者虽然未解决但不会对现有结论产生重大影响。答辩的英文称为"defense"，意即防守，指的就是这个意思。

答辩起始于提问。论文答辩委员会通常由5位评审专家组成，其中包括校外专家。提出的问题围绕论文的细节展开，可能涉及各个方面。提问的目的通常有三种。一是检验学生对论文的熟悉程度。通过提问论文的细节，考查学生是否扎实地自主进行了研究工作。二是澄清论文的内容。就论文中描述含混的地方，进行追问。三是对论文研究的某个方面提出"挑战"（有质疑之意，英文为challenge），也就是对存在的问题或者遗漏的工作进行质询。有的时候提问还会涉及是否针对匿名评阅的意见进行了修改。总之，提问可能涉及论文的任何方面，并没有"一般会提怎样的问题"之类的规律。同为答辩委员会的专家，其关注点和所提问题也会差异很大。但一篇合格的论文应当能够经得住各种问题的检验。因此学生在答辩前应当认真准备，特别是将论文的思路和内容都梳理到细节。只有真正全面深入地了解论文的研究工作，才能良好地应对答辩。

答辩委员会的专家会逐一提问，学生需要携带纸笔记录所提问题。在此过程中，除非被要求，否则不应打断提问擅自作答。需要提醒的是，对于问题的记录要详细。这不仅因为后面还要逐条回答，而且因为答辩会结束后还需要对照这些意见对文章进行一轮修改。在后期填写"答辩后修改情况表"时，也需要填写答辩时提出的意见和对应的修改情况。

回答问题的顺序一般按照问题提出的顺序，所有问题都需要回答。回答需要依据论文，提供切实的证据。不能一两句话带过，也不能答非所问或者过于模糊。如果属于论文中已经有详细论述的，需要指明回答出现在论文的哪个位置，并概述其内容。如果确属应该提及而论文中未能提到的，需要承认这一缺陷，并说明在答辩后计划如何进行补充。如果问题涉及思路、方法、逻辑等根本性调整，则需要有针对性地围绕问题所指方面进行逐条、细致的申辩。但申辩不是争辩。无论何时，答辩过程中不应出现与答辩委员会争论的情况，而要着重表达清楚对所提问题的具体回应。

13.5 本章小结

答辩是整个论文流程的最后一个环节。答辩的目的是展示研究成果，证明其达到了学位论文评价标准。论文的评价标准在匿名评阅和论文答辩环节是相同的，基本都从选题、研究逻辑、研究方法、研究结果、写作规范等方面展开评判。具体的标准由各学校制定。

答辩中的自我陈述环节就是针对上述评价要点来进行陈述，以主动说明自己的论文达到了学位要求。其中，对于研究方法和研究结果的介绍应当作为陈述重点。自我陈述环节也以清晰为第一要务，不盲目求多求快。

答辩中的问答环节则是通过追问的方式，进一步验证论文是否达到标准。实际的答辩内容可能涉及论文的各方各面，深入各种细节，因此需要学生做全面准备。学生应当记录下答辩委员会的问题，并在随后给出有针对性的详细回答。这些问题也应当成为答辩结束后对论文进行最后改进的改进方向。

参考文献

［1］BEARDEN W O，NETEMEYER R G. Handbook of marketing scales：multi-item measures for marketing and consumer behavior research ［M/OL］. Thousand Oaks，CA：Sage Publications，1999 ［2024-02-06］. https：//www. researchgate. net/publication/246355628_Handbook_of_Marketing_Scales_Multi-Item_Measures_for_Marketing_and_Consumer_Behaviour_Research.

［2］PORTER M E. How Competitive Forces Shape Strategy ［J/OL］. Harvard Business Review，1979，57（2）：137-145.https：//www. hbs.edu/faculty/Pages/item.aspx？num=10692.

［3］风笑天.社会调查中的问卷设计 ［M］.3版.北京：中国人民大学出版社，2014.

［4］李嘉，刘璇.文本挖掘商务应用 ［M］.北京：科学出版社，2021.

［5］罗胜强，姜嬿.管理学问卷调查研究方法 ［M］.重庆：重庆大学出版社，2014.

［6］全国工商管理专业学位研究生教育指导委员会秘书处.全国工商管理硕士（MBA）学位论文标准与规范（征求意见稿）［R/OL］.（2022-05-06）［2024-02-06］. https：//mba. nau. edu. cn/_upload/article/files/9f/59/b7fe339343dcb0e2867173e26ead/68762303-651a-4622-8ba3-

22e89737d7cf.pdf.

　　［7］塞德曼．质性研究中的访谈：教育与社会科学研究者指南
［M］．周海涛，译．3版．重庆：重庆大学出版社，2009.

　　［8］K.殷.案例研究：设计与方法［M］．周海涛，史少杰，译．5
版重庆：重庆大学出版社，2017.

　　［9］中华人民共和国国家质量监督检验检疫总局，中国国家标准化
管理委员会．中华人民共和国国家标准：信息与文献 参考文献著录规
则：GB/T 7714—2015［S］．北京：中国标准出版社，2015.

　　［10］中华人民共和国国家质量监督检验检疫总局，中国国家标准
化管理委员会.中华人民共和国国家标准：学位论文编写规则： GB/T
7713.1-2006［S］．北京：中国标准出版社，2006.

　　［11］周俊.问卷数据分析——破解SPSS的六类分析思路 ［M］．2
版.北京：电子工业出版社，2020.

索引